早稲田大
田無学

早慶バトルロイヤル
KEIO

松田デンタルクリニック

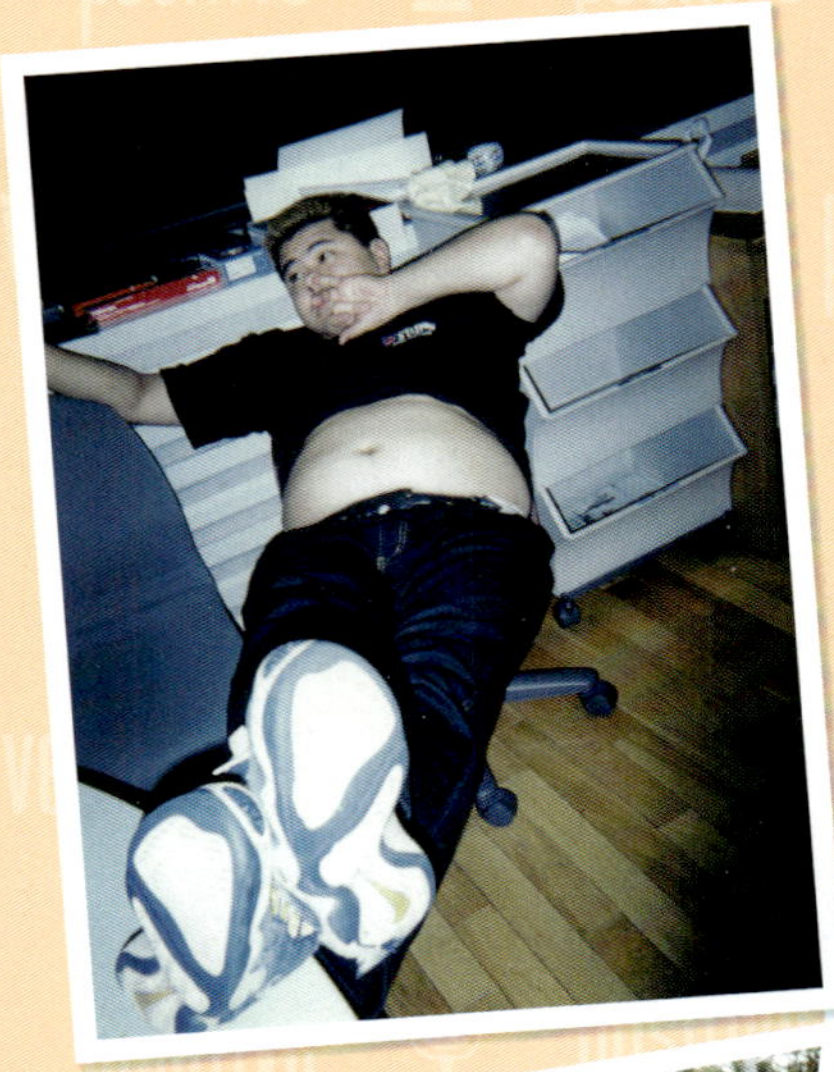

1000

ニッポン放送 JOLF 1242 AM
www.1242.com

有楽町
顔にオーレ!
ステーション
70
ニッポン放送

We Love Television

投資依存症

「人は出会いが100%」を
手に取ってくださってありがとうございます。

宮古島の少年にとって本屋さんは
外とつながる唯一のトンネルでした。

この本が本屋さんに並ぶ姿を想像するだけで
胸がいっぱいです。

人は出会いが100%

縁をチャンスに変える究極のポジティブ思考法

はじめに

このたびは、僕の書いた「人は出会いが１００％」を手に取っていただきありがとうございます。

人は出会いが１００％などときれいなタイトルがついてはおりますが、違う言い方をすれば、要は「人のふんどしで相撲を取り続けてきた」何の才能もない男の仕事術です。

仕事術などという、たいそうな代物でもないかもしれません。

考えの浅はかさ、準備不足、人を、仕事を、なめてかかった結果、自業自得でピンチを招き、その場その場をどうやってしのいできたかという、恥ずかしい〝告白の本〟です。

「人のふんどしで相撲を取る」という言葉はあまり良くない意味で使われることが多いかもしれませんが、しかしながら、それにはそれでそれなりの秘訣《ひけつ》というものがあると思います。

例えば僕にとっての、まぁ唯一無二と言ってもいい武器は、

「常に上機嫌」

でいられるということです。人様の力を借りて、人様の才能を利用させていただくからには、その人にとって嫌な存在、邪魔な存在であってはいけないわけです。

ではどういった人が嫌な存在ではないのかと、あれこれ考えた結果、出した答えの一つは、「機嫌がいい人でいよう」ということでした。これは表情筋を鍛えて、笑顔を作るということではありません。心の底から上機嫌でいることを目標としました。

ちなみに一つの秘訣があります。

先に答えを言ってしまうと、自分にとって「これは幸運だな」と感じるカウンターのようなものがあるとして、僕はこの〝ラッキーカウントメーター〟が人一倍敏感です。

ちょっとしたことで、これもラッキー、あれもラッキー。

毎日、毎時間のように幸運を感じ続けて生きています。


例えば、18年間ずっと宮古島で過ごした僕は、上京したくてしたくてたまらなかったんです。筆記試験ではない入学方法はないか?と、うまいこと〝自己推薦〟という制度、僕の言葉で言うと〝抜け道〟を見つけて早稲田大学に入学したのが1990年。


あの日から今日まで、もう東京に出てこられただけでラッキー、まだ東京にいられるだけでラッキーというのが大前提なんです。

この大前提があれば東京で起こる全てのことが、いいことだけでなく、トラブルも、しんどいことも、僕にとっては全て幸運だと感じることができます。

これが僕のラッキーカウントメーターの前提、〝基本装備〟ということになります。

才能がないかもしれないという人は、このラッキーカウントメーターの性能を磨けばいいと思っています。

そしてもう一つ付け加えるならば、出会った人たちの中から、本当に優しい人を見つけること。これを僕は〝優しさチェッカー〟と名付けていますが、表面上優しい人ではなく、本当に優しい人を見つけることができるかが大事です。

案外どうして、これが結構壊れている人が多いんです。だまされて優しくない人についていったりしているんです。

この〝優しさチェッカー〟を身に付ければ、才能のない人間でも何とか仕事を続けていくことができるというのがこの本です。

ですから才能をお持ちの方にはあんまり役に立たないかもしれませんが、だからといって本を閉じるのではなく、才能のある方は世の中にはこんなくだらない経験をする人間がいるのか、こんなしょうもない人間がいるのかと笑っていただければ幸いです。

僕がこういう形で何とかしのいできたということがお役に立てるのであれば、これに勝る幸せはありません。どうぞよろしければ、僕のくだらないエピソードにお付き合いいただければと思います。

CONTENTS

Chapter 03 励ましを受けた出会い

Chapter 04 まだ見ぬ世界にジャンプしたくなった出会い

企画協力＝ホリプロ／特別協力＝ニッポン放送
アートディレクション＝松浦周作（mashroom design）
装丁・デザイン＝神尾瑠璃子（mashroom design）
撮影＝磯﨑威志（垣花正、萩本欽一、和田アキ子、森永卓郎、ゆず）
校正＝アドリブ／編集協力＝玉置晴子
編集＝住田直人（KADOKAWA）

Chapter01

自分を知ることになった出会い

人と出会うことで自分を知ることができる
そんな貴重な出会いの数々を紹介します！

011-074

Chapter01／01

人が運んでくれた「運」が積み重なって今の自分がつくられている

meets 萩本欽一

萩本欽一さんに言わせると運と不運は平等だそうです。

欽ちゃんから毎日のように「運について」教えてもらっていた頃のお話からスタートします。

「今がダメなら、必ず、後からいいことあるよ」

大学2年生の春、僕は欽ちゃん劇団のオーディションを受けました。

面接官の中には、もちろん欽ちゃんの姿がありました。そのときが初めての〝生〟欽ちゃん。テレビで見た人が自分の目の前にいる喜びと会えたうれしさでいっぱいだったのを覚えています。いくつか質問があったのですが、印象に残っているのは欽ちゃんが発した「丸くて黄色いものは何？」という質問。即座に口から出たのは「3日間はいたパンツ！」。

欽ちゃんからは「汚ぇなあ。僕、下ネタは嫌いなの」と言われてしまいましたが、結果は合格。まだ乗り慣れない都会の電車に乗って、三軒茶屋の稽古場に通う日々が始まりました。

劇団は立ち上がったばかり。放送作家の皆さんが入れ代わり立ち代わりいらっしゃって、コントなどについて授業をしてくれます。稽古場は活気に満ちていました。何より特別なのは、欽ちゃんが毎日、稽古場にいらっしゃること。

授業が終わった後から始まる欽ちゃんの話はまるで魔法のようでした。

「芸能界は運だよー」

稽古場に体育座りする僕ら1期生50人の前を欽ちゃんが歩きながら話します。顔は正面に、体は横向きの、あの欽ちゃんスタイルで。一人一人の顔をジーッと見つめています。

欽ちゃんの目は温かいようでいて鋭く、自分の奥底まで見抜かれているような感覚になります。僕の横に座る女の子の前でピタリと止まると、「お父さんかお母さん、いないかい?」と尋ねました。

「はい、うちは父がいません」

「そうか、うん、売れるよ！」

占い師のようにその子の境遇を当ててみせた後、だから売れるという意味が、最初は分かりませんでした。

「人には生まれながらの運があるのね」

欽ちゃんは僕らを見渡しながら「おうちがお金持ちだったり、お父さんが偉い家の子。ざんねーん。そういう子は芸能界には向いてないの」と。


欽ちゃんによればむしろ逆の子。


「成功したいと思っている人は成功しない。成功したいと思っていないところに、突然、運は舞い降りる」というのが欽ちゃんの哲学でした。

運の総量は決まっていて、失敗したらその分は未来に生かせる。そして運を欲しいと思っている人のところには運はやって来ないので、絶対に運を欲しがっちゃダメ。運が悪かったり運を使っていない無欲の人のところに運はやって来る、といったことを教わりました。

つまり、失敗したり不幸を抱えているけれど運を欲しがっていない人の元に運は突然やって来る。家が貧乏だったとか、お母さんにかわいがってもらった記憶があまりないとか、つらかった分、いっぱい運がたまっている人が芸能界に向いているといいます。

不思議な気持ちと少し怖い気持ちが交錯します。

僕の境遇は…。

めちゃくちゃ温かい家で育った気がする。でも宮古島というめっちゃくちゃ遠くに生まれたってことはどうなんだろう？ それを不運とカウントしていいのかな？ 欽ちゃんにその質問をぶつけていいのか？ という思いが胸の中で渦を巻きます。

僕は沖縄の宮古島に生まれました。テレビをつけてもＮＨＫしか映らないので、上京して新聞のラテ欄に並ぶ見たこともない番組タイトルに心躍らせていました。「欽ドン！良い子悪い子普通の子」（フジテレビ系、'81〜'83年）、「森田一義アワー 笑っていいとも！」（フジテレビ、'82〜'14年）、「オレたちひょうきん族」（フジテレビ、'81〜'89年）などなど。

ちなみに宮古島でそういったバラエティーを見るには島のビデオレンタル店に頼るしか

ありませんでした。バラエティー番組を録画したテープを貸し出すシステムが当時は容認されていて、たまに手に入れたテープは宝物です。弟と擦り切れるほど見たものです。

そんな思い出の詰まったビデオテープの中で笑いを振りまく欽ちゃんに会えるだけでラッキー、くらいの気持ちで欽ちゃん劇団の1期生になったのでしたが…。

「あとね、がっついてるやつのとこには運は来ないの」

そう言いながらチラリと欽ちゃんはこっちを向きます。

「オマエみたいなやつはダメなのね！」

欽ちゃんの指は僕を指していました。欽ちゃんにはバレバレでした。僕はオーディションにも自信満々で臨み、合格通知を受け取ったときの気持ちも「当然」だと思っていました。欽ちゃんに一番気に入られているのは自分だと思っていたんです。

次の日から気持ちを入れ替えて、稽古を終えた後の掃除も手を抜かず最後まで丁寧にやってみました。すると、何日かして欽ちゃんが言うんです。

「あれ？　オマエ、少しいい顔になったね」

めちゃくちゃ驚きました。欽ちゃんの周りはそんなエピソードの宝庫でした。

授業をしてくれる放送作家の先生が「欽ちゃんの運の話、とにかくすごいよ」と、笑いながら教えてくれます。

例えば柳葉敏郎さんが受かった「欽ドン！」の最終オーディションの話。

最終に残った候補者を欽ちゃんに見てもらおうとすると「今日はオーディションがなくなったから帰るように、伝えて」と欽ちゃん。その後、どうしたのか？

自ら候補者に電話をかけ、電話に最初に出た柳葉さんが合格。

その理由がすごいんです。

欽ちゃんによれば、オーディションがなくなって予定がぽっかり空いても、遊びに行かずに家にすぐ帰って電話に出られるってやつは「お金もない、付き合っている女性もいない、仕事もない」だから運がたまっている！ということだったんです。

「負けてるやつには運がたまってる」

「失敗は運の貯金」

僕はそんな欽ちゃん理論の信者になりました。気持ちを入れ替えて稽古に励みます。旗揚げ公演の5人に残ったときは胸が熱くなりました。劇場は新宿スペース107。小さな劇場でしたがホワイエには名前入りの写真も飾られて誇らしかった。もらった役が泥棒だったとしても。

生まれて初めて「出待ち」も経験しました。今で例えるなら、ぼる塾の田辺智加さんに似た優しそうな女性が真剣な表情をして入り口でいつも手紙と喉あめをくれました。

毎日が夢のように楽しく、時間はあっという間に過ぎていく。それでも現実は重くのしかかってきます。大学へ顔を出す頻度は減り、心配したクラスメートは「オマエ、ヤバいよ。いや、このまま芸能界に入るんならいいけどさ。どうするつもりなんだ?」と真正面から問い掛けてきます。

正直、大学を辞めてまで挑戦して成功する自信はゼロでした。

両立が難しい、リスクは取れないのが分かりました。欽ちゃんとお別れしなくてはならないときが迫っていたのです。欽ちゃん含め、お世話になった周りの方を裏切るような後ろめたさ。欽ちゃん宛てに手紙を書くことがせめてもの誠意でした。

「またいつか欽ちゃんと仕事ができる日を信じています」

その言葉はそう遠くない日に実現します。欽ちゃん劇団に在籍した経験を自己PRの形にして、就職希望先をアナウンサーに絞って活動をした結果、ニッポン放送から内定をもらえたのです。


改めて欽ちゃんに会う日が来ます。ラジオ「欽ドン！」のADからスタートして編成局長になっていた宮本幸一さんが僕の手を引いて欽ちゃんの楽屋に連れていきます。

「大将、この男覚えてますか？」

欽ちゃんは僕の顔を見て、目を見開きます。「お！ 覚えてるよお」

あの三軒茶屋の稽古場のときと同じように、欽ちゃんが僕の顔をジーッと見つめます。心の奥底まで見抜く目。運の流れを感じる目。僕は少しはいい顔になっているだろうか。もしかして「うん、売れるよ」なんてうれしい予言が飛び出したりして！

長いこと待った気がします。

欽ちゃんは言いました。

「うん、いいね。やっぱりオマエの顔はラジオ向き！」

未来に対して太鼓判をいただくことはできませんでしたが、そうやってアナウンサーとしてのスタートを切りました。

そしてアナウンサーとしての生活は、まるで欽ちゃんの言葉が体現されたかのような日々となりました。失敗続きの毎日でしたが、「運の貯金をしているんだ」と自分に言い聞かせ続けた。その考えがなければ乗り越えられなかった。

仕事の失敗、健康問題、借金、さらに人間関係トラブルが重なって出口のない迷路に立ち尽くしていたとき、突然、競馬で3万円が1600万円になる大ラッキーに出合う経験もしました。

「あ、運の貯金、たまってた」と喜びましたが、それを1億円にしようともくろみ3カ月で0円に。典型的なダメ人間のお話です。

今でも自分の担当番組が好評だったり、プライベートでいいことがあるとつい気持ちが大きくなってしまいます。そんなときこそ欽ちゃんの言葉が、どんなことにも謙虚でいることや頑張ることの大切さを教えてくれます。

「運はいつも誰かが運んでくる」

欽ちゃんのこの言葉通り、僕は多くの人に出会い、そのご縁にあやかりながら生きてきました。右も左も分からなかったあの頃、東京で最初に出会った大人が萩本欽一さんだったこと。それこそが、僕の人生で最大の幸運だと思っています。

THINKING METHOD

毎日を楽しくするには つらいことも「運の貯金」と考えよう

Chapter01/02

あの大御所司会者が僕を受け入れることにした理由とは？

meets タモリ

僕は、タモリさんに「お金を貸してください」と言いかけた男です。胸を張って言っているように感じたらごめんなさい。人間、追いつめられたらとんでもないことをしかねない、というあしき実例です。誰に金を貸してくれと言えたとしても、この芸能界で、タモリさんにだけはあり得ないことです。

その日は有馬記念でした。僕は日本競馬界の至宝「ディープインパクト」に運命を託しました。そして文字通り、全ての財産を失ってしまった。いや多額の借金を返すために勝負をして負けたので、借金を抱えたまま無一文になりました。

この日はクリスマスでもありました。イルミネーションでにぎやかなはずの街が、白黒の無声映画のように見えました。所持金は２０００円もない状態。絶望的な気持ちを抱え、その夜に予定されている糸井重里さん主催のイベントのお手伝いに向かいました。

ゲストはタモリさん。もしイベントの打ち合わせや打ち上げで、一瞬でも2人きりになれたなら、タモリさんに頼むしかないと思い込んでいました。ウン万円とかいう、はした金じゃないんです。競馬で失ったボーナスと借金分とを足して２００万円くらいを借りようとしていたのです。サンタさんにチャンスをくれと祈りました。

サンタさんは来ませんでした。つまり、タモリさんと2人きりになるチャンスがなかった。サンタさん、本当にありがとう‼ 僕はまだなんとかこの世界にいることができます。

このクリスマスの日に加えて、タモリさんとは忘れられないシーンがもう一つあります。それは船の上でタモリさんからかけてもらったある言葉です。

僕は時々「相手との距離感が近い」と褒められます。「ゲストの方や初対面の方と距離を詰めて、聞きたいことをうまく聞けるよね」。大御所キラーなどと言われ、いい気になったりしていました。確かに距離感を詰めることに迷いがないのは僕の武器の一つです。

しかしそれが全く通用しない種類の人がいます。その代表がタモリさんです。

タモリさんは人に対して徹底してフラットです。好きも嫌いもない。タモリさんクラスになると、横にいて、ふと武道の達人のようなたたずまいだなと感じることがあります。ただ立っているだけで全く隙がない状態に感じる。

タモリさん自身はリラックスしているのにうかつに話し掛けることができない。

そんなタモリさんと親しくなれる人はどんな人か僕はよく分かっています。シンプルにタモリさんの好奇心にひっかかる話題を持っている人です。タモリさん自身は話題が豊富ですから、番組でご一緒する上で全く苦労することはありません。タモリさんが繰り出す話を楽しむだけでいいんですから。

しかし僕は縁あって、タモリさんのプライベートなイベントで接していましたから、あわよくば個人的にタモリさんと仲良くなりたかった。しかし話題に乏しい僕は、タモリさんと距離を詰めることに苦戦していました。

タモリさんとは「タモリの週刊ダイナマイク」（ニッポン放送、'90～'05年）の中継コーナーなどで接点があったのですが、本格的にご一緒させていただいていたのは、海を愛するタモリさんが主催していたプライベートなヨットレース「タモリカップ」からです。

タモリカップは静岡県沼津で始まり、横浜をメイン会場としながら、10年以上にわたって毎年開催されてきたヨットレースです。後に登場するタモリさんの親友である金井尚史さんに声をかけてもらって僕は司会などを手伝っていました。

年に一度とはいえ、せっかくタモリさんと一日中いるわけです。ビジネス上は優しいタモリさんですが、あわよくば距離を詰めたい！　回を重ねるうちに少しずつ距離が縮められるかも、と思っていました。しかし、正直、全くハマらない。一緒にいると楽しそうに話してくださるけれど、僕が目指すのは、もっともっと親しい関係です。

隙がないタモリさんに無理に距離を縮めようとすると、おそらくケガをするだろうな、と感じていました。そこで、ある年、潔く距離を縮めるのを諦めることにしました。大好きな女の子に告白をするのを諦めて、友達でいる道を選んだ、という感じでしょうか。

なぜそう考えることができたか？　タモリカップが毎年あるからです。タモリさんという天才と定期的に会える場所があるじゃない、それで充分だと思うことにしました。**ラッキーを数えるラッキーカウンターの発動です。**欽ちゃんも言っていた。欲張る奴のところには運はやってこないと。そう考えることにしたら、やっぱりうれしい出来事が訪れます。

あの年は最初からタモリさんは上機嫌でした。タモリカップはレースのスタート前に「海上パレード」が繰り広げられます。タモリさんと主催者が乗るフラッグシップの前を、レースに出走するヨットが続々と通過。タモリさんからの激励を受けて、参加する皆さんが、コスプレあり、ダンスありの底抜けに楽しいパフォーマンスを繰り広げます。

いつも一緒に司会をする内田恭子アナウンサーが「今日のタモリさんめっちゃ飲みますね！」と笑うほど、ビールのペースが速いタモリさん。

船の上、気持ち良さそうに酔っ払っていきます。

急に船が揺れて、タモリさんが軽くて転倒しそうになったので、慌てて僕が体を支えると、タモリさんは体重を預けたまま、ニヤニヤと笑うんです。

「オレは、オマエの、そのなれなれしい感じが苦手だったんだよ」

苦手、、、タモリさん酔っ払って本音を言ってる、、うわ、、やっぱりそうだったんだ。

「いつもニコニコしているなんて、おかしいだろ？」

「そうですかねー、いやー、うーん…」と曖昧に返します。

タモリさんに気に入られたいがためにいつも笑顔が不自然だったのかもしれません。

「しかし、この前、オマエの生まれた宮古島を調べたんだ。それで、なんでオマエがそんな感じなのか分かった」と。

え？　宮古島を調べた？

タモリさんはこの時点で、もうお酒でベロンベロンでしたが、話を聞いていると、ここからがタモリさんの真骨頂。

「宮古島には大きな山も川もない。ただ、平べったい起伏のない地形で、おまけにハブもいない。そう、オマエの先祖や仲間は、外敵もいない環境で育ってきたんだな。するとだなぁ、オマエみたいな全くノーテンキなやつがぁ生まれてきても仕方がないと思った。だからぁ、オレはオマエを受け入れることにした」

海からの風と、タモリさんの体を僕が支えているシチュエーション。そして、**どんな理由であれ、「受け入れることにした」という言葉。**生きてて良かったと思った瞬間です。

変に距離を詰めようとせず、待ってて良かった！

今はタモリカップが役割を終えて終了し、定期的に会う機会がなくなってしまったため、ニッポン放送でごくたまにタモリさんにお会いするだけの関係に戻ってしまいましたから、僕はタモリさんとの距離は縮めたとは言えないかもしれません。しかしあの日、僕はタモリさんから「受け入れることにした」という言葉をいただいたんです。（それまでは受け入れられてなかったってことだろ、というツッコミは受け付けません）

タモリさんから教わったのは定期的に会う「場所」さえあれば向こうから思いも寄らず

距離を詰めてくれることがあるということ。

宮古島を出たのは、大学に入学する18歳のとき。

それまでは小さな島が僕の全てでした。島ではみんなが家族という感覚で、僕が家にいなくても友達は勝手に家に上がって冷蔵庫のむぎ茶を飲んでいるなんてこともあったりして、まさに、島の人はみんな知り合い。特に僕の家は月に一、二回は、親戚が集まって、何かにつけては飲み会が開かれていました。両親と親戚、いとこなどの子どもたちと、みんな一緒くたで、他人との境界線もなく育ってきました。

僕はそこで養った、極端な距離感を武器としている部分もある。しかし自分にとって居心地がよくてやりやすいと思っていた距離感を、よしとしない人もいる。ではどうやって距離感を取っていけばいいのかといえば、当たり前ですが独りよがりに距離を縮めたり、距離を取ったりするのは違うということ。

きっと僕が闇雲に近づいたり距離を取っていたら、タモリさんは興味を持ってくれなかったのではと思ってます。もちろん人づきあいの中で、今の関係性を少しでもよくしたいと考える人は多いと思います。

得意な距離の詰め方はどうしてるの？と聞かれたら、僕の方法は「引かれてナンボ」。引かれたら引かれたでネタになるので怖がらない、が基本です。しかし、明らかにハマってないなら、ずっと待つ。その代わり、なかなか距離を詰められなくても、慌てない。定期的に会える場所をキープするといいんです。店でもいい、通りすがりでもいい。年に一度だっていい。定期的に会える場があるなら、距離を詰めようと慌てなくていい。

僕は今タモリさんに定期的に会えなくなりましたが、定期的に会えなくたって、ずっと好きでいればいいだけの話。また運は巡ってきます。

もし、誰かとの関係性に悩んでいる人がいれば、その人のバックボーンを知ってみるのも一つの手かもしれません。

THINKING METHOD

距離感の感じ方は人によって違うもの。相手が歩み寄ってくれるまで待ってみるのも、あり！

Chapter01／03

天才はいる。なれないなら、少しでも得意なものを見つければいい

meets＼伊集院光

こういう世界にいるとリアルに天才ばかりを目にします。ささいな日常を切りとりながらフリートークを無限に展開できたり、ゲストの魅力を多角的な質問で引き出し、絶妙な間で落としてみせる。一方で、そんな技術をのぞかせたこともないまま、なぜかアナウンサーを30年も続けている人もいます。

それが僕です。

天才ではないどころか、しゃべることが下手くそ。いや、最初はできると思っていましたが、典型的な井の中の蛙。欽ちゃん劇団にいたとて舞台の厳しさを味わう前に逃げ出しているし、早めにアナウンサーとして内定を獲得したもんだから、腕をブン回して有楽町

へと乗り込んでいます。しかし研修が始まると、**宮古島のアクセントが抜けていないこと、ニュースはおろか、簡単な原稿読みができないことが発覚。**いや正しくは、練習させても矯正できないことが発覚したのです。

同期の川野良子アナウンサーはとても優秀で、何をやらせても上手。程なくして天気予報デビューし、さらにはニュースデビューまで。その上、加藤茶さんの番組「加トちゃんのラジオでチャッ！チャッ！チャッ！」（ニッポン放送、'96～'98年）で〝小加トちゃん〟というキャラクターでリポーターとして中継デビューを果たします。一方、全く仕事がない僕は毎日屋上で発声練習をしながら、ぼっーと隣の第一生命ビルのオフィスを眺めていました。

そんな毎日を送っていた僕を、「オールナイトニッポン」のプロデューサーだった松島宏さんが、「**ダメな人ほどリスナーに愛される**」と言いながら大抜擢してくれたのでした。最初に聞いたときは信じられませんでした。社内ニートになりつつあった自分にレギュラー番組を、それも「オールナイトニッポン」という看板番組を持たせてくれるなんて……。ましして、担当する月曜日の深夜3時の前任は小沢健二さん（小沢さんはあえて深い時間を希望していたらしいんですが、当時は知る由もありません）。僕の中では小沢健二と垣花正が並んだことになるわけです。これ、本当に思っていたんだからヤバい人です。

始まるまでは夢の中。始まってからは、まさに悪夢でした。

最初に松島プロデューサーから言われたのは、「放送作家をつけずにディレクターと2人でやる」「コーナーを作らずトークで勝負せよ」とのことでした。ディレクターは入社2年目の筑紫浩一郎さんでした。念願かなって夜番組の配属になった途端に、筑紫さんは僕と組むことになったのでした。

「初回の放送は2時間かけて垣ちゃんのこれまでの人生を語ろうよ！」

と筑紫さんは爽やかな笑顔で言いました。しかしふたを開けたら僕の人生は最初の5分で語り終えたのでした。

コーナーもなければ作家さんの台本もない。目の前には筑紫さんの書いた真っ白なQシート（進行表）だけ。リアルに泣きたくなってスタジオの外を見たら筑紫さんはもっと泣きそうな顔をしていました。どうやって2時間を終えたのか覚えていません。

生放送後、筑紫さんが「切り替えていこうよ」と短く言いました。つまり何かを切り替える必要があることだけは確かなのが分かりました。

「オールナイトニッポン二部」には、伊集院光さんという天才の伝説が存在しています。伊集院さんは'88年から'90年の間、「オールナイトニッポン二部」を担当し、これがすさまじい伝説を残した番組でした。この番組をきっかけに無名に近かった伊集院さんは、番組の人気とともに一気にラジオスターになっていきました。

このラジオスター誕生の幻想がニッポン放送の中に残っていて、番組スタート前は、「君も伊集院光になるんだぞ」なんて甘いささやきをする人がいました。

人気番組の伝説の一つに、生放送で呼びかけると、朝方の有楽町にたくさんリスナーが集まってしまう、というものがあります。番組がスタートした直後、そのマネをしてみたいと筑紫さんに言いました。筑紫さんは反対でした。

「恥ずかしいことになるよ垣ちゃん」

ただ、僕にはその言葉は響きませんでした。そして反対を押しきって、

「有楽町の駅前に集まれ！」

と呼びかけてみました。集まったリスナーは一人。まして来てくれた男性は「ファンではなく、たまたまであること」を強調していました。

半年が過ぎ筑紫さんが、「垣ちゃんごめん、オレ営業に異動になった」と悲しそうに言ってきました。責任を取らされるほどなんの影響力もない番組ですが、筑紫さんがやりたかったラジオではなかったのは確かです。

田舎者なのにアニキのような話し方をするパーソナリティの番組は、福山雅治さんの「オールナイトニッポン」の直後という好条件にもかかわらず、聴取率調査でついに＊マークを取ります。＊は数字がない。つまりデータ上、一人も聴いている人がいないというマークです。

筑紫さんの次に担当になった江尻秀昭ディレクターは伊集院光さんの「オールナイトニッポン」も担当していた人。筑紫さんと違って江尻ディレクターには、とにかくいつも叱られました。一番叱られたのは、生放送中に反省してテンションを下げることでした。「**反省するのは百年早い。反省はできるやつのすることだ**」と言われました。

聴取率調査で＊を取った日、江尻ディレクターは一曲目に米米ＣＬＵＢの曲をかけました。「**誰も聴いていない＊マークのオールナイトニッポンです**」と、Ｑシートに書いてある文章を読みながら、救われた気がしました。

本当にダメなところを笑ってもらう、というのはこういうことか、と分かり始めました。少なくともスタジオの外で江尻ディレクターだけは笑っているので充分でした。ちなみに江尻ディレクターは現在の「垣花正　あなたとハッピー！」（ニッポン放送、'07年〜）のチーフディレクターです。

当時のニッポン放送は夜10時になると「伊集院光のＯｈ！デカナイト」（ニッポン放送、'91〜'95年）が始まります。伊集院さんはオープニングから爆笑を取り、ゲストがやって来て、生放送が終わるとたくさんのスタッフがみんな飲みに出掛けていく。その後ろ姿を見送ると、にぎやかだった社内が急に静かになります。

巨大な船がいなくなった深夜の海原に小さないかだがフラフラ浮いている状態。気持ちは今にも転覆してしまいそうでした。

そんな状態から、なぜクビにならずに済んだのかはおいおい書くとして、一つ言えるのは、一人でしゃべるのはできないことがはっきりしたというスタートだったということ。「オールナイトニッポン」以降、一人しゃべりの番組は一度も受け持っていません。

新番組の話が出ても、「誰かアシスタントをつけてください」あるいは「アシスタントにさせてください」と常にお願いしています。自分に向いてないことが分かっているなら、違う方へ特化した方がいい。要は逃げているだけと言う人もいると思いますが、かっこつけて言えば僕は得意分野しか伸ばせないんです。

新人の頃から伊集院さんのすごさに驚かされた私でしたが、30年近くたってから「伊集院光のちょいタネ」（ニッポン放送、'24年〜）でご一緒させていただきました。伊集院さんの前に座るのは初めて。感慨深いものがありました。

強く感じたのは、伊集院さんはやはり天才で、かつ優しいということ。

優しいというのは、しゃべりたい面白いネタがあるにもかかわらずそのネタに向かって無理やり話を持っていくのではなく、僕の話を受けつつ、話を広げながら自分のネタにつなげていく。なんなら僕の話で終わるのであれば、ずいぶん前からスタジオに入って周到に用意していたネタを捨てることもいとわない。**技術プラス包容力。**

伊集院さんは一人しゃべりも天才ですが、人の話を引き出すのも天才的にうまい。両方できる。30年前に分かっていたことを確認しただけのパートナー仕事でした。

そんな天才を前にしたときに、よく「嫉妬はしないのですか？」と聞かれるのですが、それは見事に思ったことがないです。むしろラッキーしかないと考えます。

優しい天才は自分をおいしくしてくれるだけ。特に伊集院さんのように完璧に考えている人の前では、小手先で動くとあまりいい方向に進んでいかないことが多い。天才にはあやかるの一択です。

THINKING METHOD

苦手にチャレンジするのではなく
得意なことや
次のことに目を向けていこう

Chapter01 / 04

自分のキャラクターを笑ってくれる味方集めは大事

meets 金井尚史

和田アキ子さんに会えたのもタモリさんと会えたのもこの人のおかげ。恩人中の恩人の登場です。僕は金井尚史《しょうじ》さんというディレクターと出会わなければ、今、アナウンサーをやっていませんし、ずいぶん色彩の違う人生になっていただろうなと思います。

ニッポン放送のディレクターだった金井さんはとにかく豪快で型破りですから、サラリーマンとしては、社内には味方もいるが敵はそれ以上にいるという人。アイデアはでかいし面白いが、大きな番組（例えば24時間生放送の特番）などの責任者になると、細かいことは気にしないぶん、まあまあ浮いてしまう、そんなタイプの人でした。

小さな体からほとばしる熱量は半端なく、いつも苦虫をかみつぶしたような顔をする割に、口癖は「垣花ァ、それ、おもしれーな」でした。

金井さんを一言で言えば「正真正銘のタモリさんの親友」です。よくタモリさんのご自宅にお呼ばれしてましたし、たまに「垣花ァ今日よぉ、タモさんとお茶するから、オマエも来いよ」と僕もいきなり呼ばれてタモリさん（とは全く分からない風体の変装したおじさんでしたが）と都内某所でお茶をするというおこぼれをいただいたこともありました。


金井さんがタモリさんと親友になっていく話は秀逸でした。

ニッポン放送の「タモリの週刊ダイナマイク」という長寿番組に、途中からディレクターとして参加することになった金井さん。しかしいつもの強引さがたたって、スタッフから総スカンを食らい、完全に孤立します（タモリさんはもめてることを知りませんが）。

金井さんは「**こうなったらタモリさんと親友になるしか生き残る道はないな**」と考えたそうです。


今こうやって書いていても、もっと違う方法、あるでしょ?と思わないでもないですが。

しかし、理由はどうあれ、タモリさんにアプローチし、結果的に本当に親友になった人です。

そのときの話を、酔った金井さんから聞くのが僕は大好きでした。

「スタッフに謝ろうと思わなかったんですか」と僕が聞いたら、

「バカ、謝れっか。俺は悪くねーもん」と子どものように口をとがらせる。

「こうなったらタモリさんを口説き落として味方にして、あいつらを黙らせるしか策はねぇな」と。

「口説き落とす？　どうやって？」と聞くと、

「タモリさん、ヨット最高っすよ。ヨットやりませんか？って誘ったんだよ」

タモリさんをヨットの道に誘うことが金井さんの秘策でした。

金井さんはよく「**垣花よぉ、タレントってのはな、どんな天才でも、どんなに売れてても、次の何か、未来の企画を提案してくれるやつが好きなんだよ**」と話してくれました。

ヨットレースのタモリカップを主催し、大きな大会にしていったのも金井さん。まさに「次はもっとこうしましょう」と提案し続けることで、プライベートイベントのタモリカップも規模が膨らんでいきました。表彰式やセレモニーの司会、あるいはお手伝いもろもろに僕を使ってくれたのも金井さんです。

金井さんとの出会いはニッポン放送に入社してすぐでした。

「今年の男性アナウンサーは全く使えないらしい」といううわさが社内に広がったときに、ニヤニヤと

「オマエ、ダメらしいねぇ」

と声をかけてきてくれたのが金井さんでした。

上司のくり万さん（くり万太郎こと高橋良一アナウンサー）が、研修中、ため息をつきながら僕にアドバイスをくれました。

「オマエはまともな仕事はできそうにない。だから自分のことを使ってくれるディレクターを見つけなさい。どんな形でもいいから、**オマエを使いたいと言ってくれる味方を見つけられたら、数年はなんとかなる**、まあ数年な」

要は、すぐにクビにはなりたくないだろ？と。せめて数年は頑張れと。

金井さんはまさに「味方はこの人しかいない！」と感じさせてくれる存在でした。

金井さんにかわいがってもらおうと決めてからは、金井さんの目につくところをウロウロするようにしました。飲みに誘ってくれたら必ず行く。飲み会で話すネタとして金井さ

んの担当番組を聴いて、感想を言えるようにしておく。さらには、金井さんが喜ぶエピソードを作っておく。

金井さんは珍味好きですから、普通の経験では喜びません。よく笑ってくれたのは変わった風俗の話でした。例えば「ほふく前進パブ」。30分に一度店内が真っ暗になり、赤色灯が点滅。いわゆるお触りタイムです。客は一斉にほふく前進をして、女性の元へ行くという店の話。あるいは夕刊紙の3行広告の店に潜入したり、ギャンブルで借金が膨らんでいく話も大好きでした。

「オマエ、アホだなァ」が口癖でした。

エピソード作りのために破天荒になっていったのか、もともと人としてのブレーキが壊れていたのか分かりませんが、「失敗は運の貯金」の欽ちゃん理論との両輪で、「何があってもネタができた」と考えるようになり、だんだんエピソードは過激になっていく、そんなスパイラルでした。

金井さんは「オールナイトニッポン」が打ち切られた僕をアッコさんの番組の中継に使ってくれました。しかし、後で詳しく書きますが、そこで、僕は寝坊をしてアッコさんとの初仕事で遅刻します。

大変な事態を巻き起こし、しょげる僕に「バカ、おいしいじゃねぇかオマエ」と言って、「もう会いたくない」と断るアッコさんを何度も説得し、ホリプロまで一緒に謝罪に行ってくれました。

自分を面白がってくれる人は宝物です。「ダメ」を魅力としてくれたり、「ダメ」を包装紙に包んで「個性」として広めてくれる人でもあります。僕は金井さんに〝アイツは、ヘンで面白いダメ人間〟というキャラクターを広めてもらいました。

金井さんと雑談していると、「自分の当たり前」がどうも人とは違うようだと気づかされることが多くなりました。何げない話を笑ってもらったりすることがよくありました。

それは僕に常識がないことや普通の感覚が欠落していることが原因でした。笑ってもらった箇所を覚えて、別の人に話すとウケたりする。言葉を覚えるサルのように少しずつネタを増やしていった。そうやって何げない会話から自分のことを理解するコツも学びました。

例えば「そうか！　オールナイトニッポンの江尻ディレクターに反省するのは百年早いと言われたのは、話術で笑わせることができるという認識からして間違えていたんだ」と。

話術がないから、僕は「さらけ出し方」で勝負するしかないんだな、と。今も「僕はスヴェンソン（増毛サービス）です」と頭髪をカミングアウトしているのも、そこからきています。

自分のことをさらけ出すのは案外勇気がいることだったり、周りが迷惑だったりします。でも僕はそこでしか戦えなかったからしょうがない。もちろん闇雲に自分のことをさらけ出されても困る人もいます。だから一応、これにも自分のマニュアルがあります。人には心のドアがいくつかある。だからその人に合わせて一つずつノックして確認しながら、少しずつ進んでいくイメージです。

このことを笑ってくれたらならこれを出そう、これも面白がってくれるならこのことを言おう、と。人によっては、たくさん開けた方がいい人もいるし、少しの人もいる。それは人それぞれだと思います。

また何をもってドアを開けたことになるかも、人によります。いつしかスヴェンソンと言うことも単なるルーティンになってしまう。僕は今、ハゲハゲ言うよりももっと開けなくてはいけないドアがあるかもしれない。ちゃんと心の汗をかくほど恥をかかないと金井さんに褒めてもらえないと思っています。

金井さんは２０１７年にがんで亡くなりました。
一緒に山ほど飲み、一緒にホリプロに謝りに行ってくれて、たくさん番組を作り、ワールドカップでは日韓合わせて９つのスタジアムを一緒に回り、最後、病室では
「垣花ァ、俺もっと長生きして遊びまくりたかったなぁ」
と笑った金井さん。
僕は今でも
「垣花ァ、オマエ、本当にアホだなぁ」
と笑ってもらいたくて自分をさらけ出しています。

THINKING METHOD

自分をさらけ出すことで
知らなかった自分を知ることができる上に
味方をつくることができる！

Chapter01／05

自分のアンテナを立てていると自然と抜け道が見えてくる

meets／柳卓

映画「アメリカン・グラフィティ」('73年)に大好きなシーンがあります。

この映画の主人公はアメリカの小さな田舎街を離れ、明日いよいよ大学へと旅立とうとしています。カーラジオから聴こえる声の主、音楽を流し続けるＤＪ（ウルフマン・ジャック本人）の存在が映画のスパイスになっています。

女の子への思いを番組で伝えてもらおうと主人公がラジオ局を訪れると、自分が想像していたよりかなり地味なスタジオ。そこにいるウルフマン・ジャックは主人公に対して別人のフリをします。

「ヤツは今、外してるが、もしここにいたら、こう言うだろうな。

ケツ上げて、ギア入れろ！」

有名なシーンです。

世界を見て新しいことに挑戦しろよとアドバイスするＤＪがカッコいいから好きなんじゃなく、主人公の憧れは憧れのままにしておくことを選んだところに僕はグッときます。

なぜなら**僕はリスナーに直接会うとがっかりされることが多い…。**

「イメージと違います」

何度言われたか分かりません。「案外太ってるんですね」「言うほど太ってないじゃないですか。いやーびっくりしました」などいろいろある中で、一番ひどいのは、「えーっ！そんなんだったんですか？（しばらく絶句…）ショックです、もう聴くのやめます」。

いや、勝手に想像されて、ショック受けられても困るんです。会わなきゃ良かったパターンが多いと言われるラジオパーソナリティの世界ですが、でもラジオ好きなら、誰の中にも会ったことはない憧れのウルフマン・ジャックがいると思うんです。

僕が最初に憧れたＤＪ。中学生の頃、夢中になったラジオ番組のパーソナリティが琉球放送のアナウンサー柳卓さん。ふとつけてみたラジオから流れてきた声。番組名は「柳卓のラジオジャック」（琉球放送、'85〜'93年）でした。柳さんは刑事コロンボのモノマネが得意で、楽しみは深夜0時に近くに始まる推理ドラマのコーナーでした。柳卓さん演じる刑事が事件に遭遇する。リスナーは犯人とトリックを予想しハガキを送ります。翌週、解決編が流れる。正解すると好きなLPレコードがもらえるというので、夢中でハガキを書きました。

ラジオネームは「フス丸」でした（フスは宮古島の方言で、う●こです）。

実にひどいラジオネームですが、フス丸くんは、犯人を当てるだけでは飽きたらず、オリジナルの脚本を書いて番組に投稿します。採用はされませんでしたが、脚本の投稿があったことを柳卓さんが番組でコメントしてくれました。

「オリジナルの脚本を送ってくれたラジオネーム・フス丸くん、ありがとう」

自分のラジオネームが初めて柳卓さんに読まれた瞬間でした。当時、リスナー仲間だった同級生の美里泰彦くんと、学校で盛り上がりました。

すっかりラジオに夢中になったこの頃、「ラジオパラダイス」という雑誌と出合います。

この雑誌は全国のラジオ番組やパーソナリティを、人気投票によるランキングで発表していて、しかも、一票に至まで全て掲載するという、今から考えると恐ろしい企画が売りでした。

柳卓さんは何位だろう？ 1位だったら超うれしい！ ドキドキしながらページをめくりますが、柳卓さんの票数はさほど多くなく、ランキング上位ではありませんでした。

上位に君臨しているのは、宮古島の中学生の僕の聴いたこともない番組とパーソナリティばかり。コサキンさん（小堺一機さん、関根勤さん）やデーモン小暮さん（現在のデーモン閣下）、ニッポン放送からは上柳昌彦アナウンサーの名前がありました。番組は全国ネットの番組ばかり。

僕はこの雑誌を通して、キー局とネット局というものがあるのを知ります。東京の放送局を中心に全国の放送局がつながっていることや、全国で聴けるラジオと地域でしか聴けないラジオがあること。そんな仕組みも初めて知りました。

ランキング上位の番組を聴きたくて、深夜1時を待って、アンテナを伸ばし、ニッポン放送の周波数1242に合わせます。しかし聴こえるのはザーッザーッという雑音のみ。ショックでした。改めて随分と遠いところに住んでいるんだと痛感します。同時にいつか東京に行ってみたいという気持ちがムクムクと芽生え始めたのを覚えています。

本屋さんの存在は、僕にとって宮古島と外の世界をつなぐ大切なトンネルでした。本屋さんをウロウロしていると、向こうから情報が飛び込んできます。「ラジオ」という興味のアンテナが立っているときは、雑誌の棚から「ラジオパラダイス」が僕に呼び掛けてきました。東京に行きたいとアンテナが立つと、今度は「螢雪時代」という大学受験生向けの情報誌が僕を呼んでいました。高校1年生なのに、3年生向けのこの雑誌がキラキラと輝いているように見えました。

あのとき、「螢雪時代」に出合ってなければ、東京の大学に進学していたか非常に怪しい。というのも高校受験のとき、沖縄本島の進学校を受験したいと言ったら、母に「十八になったら島を離れることは決まっているんだから、お願いだから、あと3年は親元にいてちょうだい。島の高校に行ってほしい」と泣かれたからです。

正直、〝仕方なく〟宮古高校に進学しました。そこで、「よし、ならば、宮古高校から受験勉強を頑張って東京を目指そう!」とはならないのが僕です。勉強よりももっと違うことにエネルギーを注ぎます。早く〝抜け道〟を探さなくてはいけないと思っていました。抜け道は学校からの情報にはないだろうな、と思っていました。今ある制度では抜け道にはならず、全く新しい制度や、やり方を見つけないといけないと考えていました。

そして、スタートしてまだ2年目の、早稲田大学の自己推薦入試と「螢雪時代」で出合います。その制度は、内申点と面接と小論文のみで選考するとのことでした。筆記試験による選考では集まらない個性ある学生を求む、とのこと。「高校時代の活動内容の充実度」こそが審査対象ということでした。


探していた抜け道を見つけた！と思いました。上京するにはこれしかない！と。

内申書の平均評定は4・5以上必要でした。これなら大丈夫です。なぜなら周りを見渡せば誰も真面目に勉強している雰囲気がない。体育や美術など得意ではない科目は、先生にやる気をアピールすることで、5は無理でも4なら取れます。さらに生徒会長とバドミントン部の部長を兼任することにしました。

しかしそれだけでは足りない。前年の合格者の実績を調べると、何かしらの全国大会への出場実績が必要なことが分かりました。スポーツ音痴の僕はスポーツ系での全国大会（甲子園、花園、インターハイなど）は夢のまた夢です。文化系の何かで全国大会に出場する必要がありました。

チャンスはラジオリスナー仲間の美里くんからもたらされます。定年退職をする校長先生のための映像を作っているのでナレーションを入れてほしいと美里くんから依頼がありました。僕が時々披露していた校長先生のモノマネを交えてやってくれと。僕が人生で初めてナレーションを入れたのは校長先生のモノマネでした。そしてそのとき初めて、美里くんが所属していた放送部の存在を知るのでした。

僕は美里くんに頼んで放送部に入ります。

そして放送部のみんなでラジオドラマを作ります。柳卓アナウンサーの推理ドラマを聴いていた経験が役に立ったのか、医師のいない離島をテーマにした僕らの作品は「NHK杯全国高校放送コンテスト」で優秀賞を獲得。

優秀賞は、全国大会へ出場できるのです！

早稲田大学へ筆記試験なしで行くための最短ルートを導き出した瞬間でした。

僕の特技は抜け道を見つけること。この文章を書きながら、それを改めて実感することになりました。考えてみたら、ニッポン放送へ入社するのも欽ちゃんという抜け道を見つけ、ホリプロに所属するのもアッコさんという抜け道を使っています。

渡辺和子さんの「置かれた場所で咲きなさい」というすてきな言葉があります。

置かれたところこそが、今のあなたの居場所。こんなはずじゃなかった」と思うときにも、その状況の中で「咲く」努力をしなさいと、渡辺和子さんは語りかけます。

僕も母に宮古島にとどまるように泣かれたときは、こんなはずじゃなかったと慌てましたが、気持ちを切り替えて、宮古高校で咲くことを考えました（美化がすごい）。そして、咲きながら（咲いたんか？）次への場所へ向けて抜け道を探して、すてきな風が吹いて飛ばしてくれるのを待ちました。

抜け道探しは情報戦です。しっかりとアンテナを立てていると、必ず向こうから情報は飛びこんできます。僕の最初のアンテナは柳卓さんが立ててくれた、憧れというアンテナ。僕のウルフマン・ジャックは柳卓さんです。

THINKING METHOD

「こんなはずじゃなかった」ではなく
置かれた場所で咲きなさい。
咲きながら抜け道を探してみる！

Chapter01／06

好きな人を信じてやってみると特技が見つかることもある

meets＞テリー伊藤

いつも「抜け道」を考える僕です。どうやったらアナウンサー職をクビにならずに済むのか、そんなことばかりが頭の中をぐるぐる回っていました。

「オマエは、まともなアナウンサーとして生きていくのは難しいぞ」とみんなに言われました。「まともなアナウンサー」とは?と考えてみます。

読む力による正確な情報伝達力、常に冷静な判断ができること、教養があること、自己研さんを積む姿勢、視聴者やリスナーへ信頼と安心感を与える人。

考えるまでもない。全てが真逆でした。

読むことができないから「オールナイトニッポン」をやらせた。しかし教養も面白さもなかった。自己研さんに努めるどころか、変な風俗に行ったエピソードが唯一の武器。借金の取り立ての電話が会社にかかってきていることをいじられている。頭がモヒカンで体重が100キロを超えているアナウンサーに誰が信頼や安心感を寄せるのか。それは瞬時に分かりました。そんなときに、

「まともなアナウンサーじゃないからいいんじゃないか!」

と唾を飛ばしながら大きな声で世間に向けて言ってくれる人を見つけました。

その人こそ、テリー伊藤さんでした。

僕にはテリーさんが海原に浮かぶ救命用の浮き輪に見えました。

僕ははっきりと分かりました。この人にしがみついていくしかない。

テリーさんといえば、本名の伊藤輝夫として斬新な企画や過激な演出でバラエティーの新たな方向性を切り開いた人です。

「テリー伊藤のってけラジオ」(ニッポン放送、'98〜'10年)がニッポン放送のお昼に誕生したのは、まだコンプライアンスが今のように厳しくなくて、むちゃをすることに世間が寛大だった時代でした。ラジオに舞台を変えても過激な企画が大好きなテリー伊藤さんから

は、湯水のようにアイデアが湧いて出てきました。

例えば「夏休みの自由研究企画」。

「犬のデッサンの課題が出たが、わが家には犬がいないんです」というリスナーの悩みを解決しよう！ということになり、テリーさんが叫びます。

「分かりました！　垣花ちゃんがあなたのために犬になります」

リスナーが会議室に集まります。僕が扮《ふん》するのは犬のはずなんですが、テリーさんの指示は、ふんどし姿に首輪を着けること。会議室に集まった30人くらいのリスナーは謎犬の僕をスケッチブックにデッサンします。その様子をスポーツ実況アナウンサーが中継するという不思議な設定。ただただテリーさんはゲラゲラ笑っている。僕はテリーさんの面白がるものに全力で応えただけです。

他にも目隠しをしたままリスナー宅に行き、動物に触れ合いながら動物の種類を当てる企画。バンジージャンプ、絶叫マシンなんて生ぬるい。氷で作られた箱の中に一日中閉じ込められながら中継する企画もありました。お台場・フジテレビの階段の踊り場に積まれた氷に入っていたら、分厚い氷越しに、上司の那須恵理子アナウンサーから「あなた、仕事をもっと選びなさい」とピシャリと言われたこともありました。

「那須さん、選んだ仕事がこれなんです」と心の中で思っていました。
上司に逆らってでも先輩にあきれられても、テリーさんに楽しんでもらうことが自分の仕事と考え、テリーさんに笑ってもらえるかどうかだけを考えて中継に臨んでいました。心掛けたのは、さすがにやめろと言われるまでやる、ハプニングが起こる可能性のあることをやる、でした。

なんでもありな「のってけラジオ」の中継は人気になりました。自分の特技をやっと見つけられた時間でした。「オールナイトニッポン」のときはリスナーの顔が見えなくて、つまりお客さんがどんな人か分からなくて悩んでいたのですが、**僕のお客さんであるテリーさんが喜んだら、リスナーも喜んでくれるという構図がはっきりと見えました。**やがてこの中継コーナーから、だんだんと僕の本当のお客さんも増えていくようになりました。

また、いっちょ前に、自分の立ち位置を4分割のマトリックスで考えたりするようになりました。例えば縦軸に「報道」と「バラエティー」、横軸に「有益なもの」と「バカバカしいもの」と分けます。その中の一つに「バラエティー・バカバカしいもの」というゾーンができる。テレビのバラエティー番組ならここは芸人さんが活躍するゾーンです。テレビだと大変な激戦区です。しかし、お昼の帯のラジオだと、出演交渉、ブッキングが間に合わない。だからここをアナウンサーがやらなくてはいけない。また、そこを喜んでやるアナウンサーはいなかったんです。**まさに「まともなアナウンサー」の真逆なアナウンサーにとってのブルーオーシャンでした。**

加えて大好きなテリーさんを分析すると、テリーさんの根っこは芸人さんとは全く違うものだと分かりました。テリーさんは人を楽しませることに命を懸けてきた演出家。

無理難題を押しのけて許可を取り、アポを取り、演出をし、みんなでコンテンツを作って笑わせてきた人なんです。

ある日、生放送直前にテリーさんが怒って帰ってしまったことがありました。

なぜ、テリーさんがブチギレたのか分かっていないスタッフが多かったのですが、僕なりにすぐに察しがつきました。

おそらく、テリーさんが提案した企画を「無理です」と頭ごなしにディレクターが否定したからです。意見が通らないことに気分を害したのではなく、「無理」という結論を出す前にみんなでどうにかできないかを考えるのが番組だろう、ということ。

テリーさんは人を楽しませることに命を懸けてきた。

だからテリーさんと接するコツは企画の全肯定だと僕は結論付けました。

できない、無理という言葉は絶対に使わない。無理だと思ってもそこから、どう形にするかを考えることを楽しむのがテリー伊藤です。

乗せられるかどうかがテリーさんは全てです。

やがて僕が中継コーナーを卒業して、スタジオでテリーさんとトークするようになったとき、自分で作ったそのマニュアルに沿ってその点だけを意識しました。

乗ってしまったら、あとは湯水のように面白いアイデアが湧き出てきます。

テリーさんはゲストをお迎えしてトークするのもめちゃくちゃ上手でした。とりわけちょっとトラブルがあったゲストのとき、あえて土足で上がって、かき乱していきます。それは全部計算です。リスナーが聞きたいことを聞く、ゲストのリアクションを引き出すことで人間的な魅力も伝わってくる。

テリーさんはやっぱりディレクターなんですね。どういじればおいしいか。見事なさばきを目の当たりにしました。テリーさんに付いていく中で自分の立ち位置の分析をしてみたり、テリーさんという、一緒に仕事する人を分析し、自分なりのマニュアルを作るエピソードを書いてきましたが、分析の前に一番大切なもの、そもそもの大前提があります。

それは**その人を好きであること。**その上で、その人の軸をしっかり理解すること。

そんなこんなでアナウンサーをクビにならないようにオドオドしながら過ごしているうちに、「のってけラジオ」を離れて、「垣花正のニュースわかんない!?」（ニッポン放送、'03～'04年）という自分の帯番組を担当させてもらえる日が来ました。

「のってけラジオ」最後の放送のエンディング。テリーさんとお別れする日。僕はテリーさんの前で恥ずかしいほど号泣しました。自分でもびっくりしました。改めて、このおじさんのことを、こんなに好きだったんだと知りました。

「のってけラジオ」の生放送が終わると、せっかちなテリーさんはすぐにスタジオを飛び出しますが、「ニュースわかんない!?」がスタートすると、僕のオープニングトークだけは聴いてくれていました。一人立ちできているか心配してくれていたのです。ニッポン放送の廊下で会うと、「垣花ちゃん、良くなったね」と励ましてくれますが、テリーさんは嘘が下手です。本心でないことはすぐに分かりました。つまり、僕に気を遣って励ましてくれている。うれしくもあり、早く安心させたい、という悔しい気持ちもありました。

半年ほどたった頃、テリーさんが「この前のライオンの糞のオープニング良かったよ」

「キッシンジャーの銅像が大田区にあった話、面白かった」と具体的に言ってきてくれるようになりました。テリーさんが具体的に褒めてくれるときは本心です。

だんだん良くなってるんだな、とうれしかったのを覚えています。

中継コーナーの垣花から少しずつ、スタジオもできる垣花になっていきました。

でもやっぱり僕の原点は、テリーさんが考えたとんでもない無茶は企画の中継です。

テリーさんはディレクター時代、出演タレントの皆さんに「おいしいとこ、持ってってよ!」と叫んでいたそうです!

テリーさん、僕はあなたから、本当にたくさんのおいしいとこ、いただきました!

THINKING METHOD

大切なのは、分析する前にその人を好きであること

Chapter01/07

取り柄はなくても「あいつも呼ぼうぜ」と言われる人になる

meets 糸井重里

「あいつ呼ぼうぜ」という大好きな言葉があります。

これは糸井重里さんがネットで配信している「ほぼ日刊イトイ新聞」の'05年のダーリンコラムに登場した言葉です。勉強ができるから、スポーツができるから、お金がたんまりあるから、笑わせることが得意だからという理由で呼ばれる人じゃなく、もっと親しい関係性で、なんの取り柄もいらなくて、ただ「お前が来ないから、さみしかったよ」と言われるような、そんな関係をつくれるやつが理想だと。

飲み会をやるとします。幹事だったり、一番年長だったり、リーダー的な立場だったりすると、メンバーを考えますよね。まずは盛り上げ役の○○○、あと他には△△△も、そうやって主要なメンバーが決まったあと「そうそう、あいつも呼ぼうぜ」です。

あいつを、呼ぼうじゃないんです。

あいつも、なんです。

つけ足しみたいな呼ばれ方。そんな存在が理想。「も」にも結構こだわって覚えていました。

今回、改めてコラムを読み返してみたら糸井さんは「あいつ呼ぼうぜ」と書いてました。僕はいつしか「も」を足してたんですね。言葉を見つけたら、いつも僕は、「お手製の自分のマニュアル」にアレンジしていきます。


僕のマニュアルはこうです。「なんかよく分からないけど、いても困らないし、雰囲気を悪くするわけじゃないから、とりあえずなんとなく楽しいかも」と思わせるやつ。

そこに自分の持っているスキルを当てはめて解釈します。

「面白いことを言えなくても、いつも楽しそうにしている。邪魔にならないやつ」

つまり、いつも上機嫌なやつなんです。**僕のマニュアルの大事な要素、それは「いつも上機嫌」**

です。「あいつ呼ぼうぜ」と言われるためです。もちろん単に飲み会に行きたいんじゃないですよ。人としての在り方の話です。
糸井重里さんは「時代の寵児」として広告業界にさっそうと現れて以来、ずっと作品と言葉を生み落としてきました。世に送り出した言葉たちの中で、「あいつ呼ぼうぜ」は、代表作でもなんでもない、ある日のコラムの中の一言かもしれない。

しかし僕のマニュアルの中では代表的な言葉です。
糸井さんを初めて知ったのは高校生の頃でした。メディアに登場する糸井さんを見て『おいしい生活』か〜、これってすごい言葉なんだ? ふ〜ん、そんなもんかねぇ…」「おいしい生活」というコピーはＮＨＫしか映らない宮古島の高校生にも届きました。日本列島の南の端っこの宮古島まで届いて初めて国民的。ちなみに、わが家の本棚まで届いたベストセラーは「窓ぎわのトットちゃん」「気くばりのすすめ」「生きかた上手」「バカの壁」「置かれた場所で咲きなさい」です。父が買ったか、母が買ったか分からない。久しぶりに実家に帰るとしれっと置いてあるんです。そのとき僕は本に対して
「まあ、こんなところまで、はるばる来たねぇ」

と話しかけます。

糸井さんの言葉が刺さるようになってきたのは社会人になってからです。企業からお金をもらったり、放送局からギャラをもらったりという受け身スタイルに限界を感じたという糸井さんが「ほぼ日」を始めたのが'98年。やっぱりいつも早いんですよね。

「ほぼ日」を何げなく見ていると、だんだんインタビュアー・糸井重里さんのすごさに驚くようになります。掲載されているインタビューを読むと、短い言葉で核心をつく質問の見事なこと！

「なんだこの言葉のチョイスは！」と。

「あいつも呼ぼうぜ」。この言葉は僕の背中を押してくれました。面白いことを言えない僕は、目の前のディレクターを楽しませる太鼓持ちとしてアナウンサー人生を食いつないでいました。自分の面白さに自信がないからです。リスナーに支持されるほど面白いことを言う自信はない。

しかしアナウンサーは続けたい。だから目の前のディレクターの機嫌を良くしてお仕事にありつこう。そんな生き方に少し後ろめたさのあった僕に、糸井さんから「それはそれでありなんじゃないかな」と言われた気がしたんです。

取り柄はなくてもいいんじゃない？って。

時は少しだけ流れ、再び、糸井さんの言葉に感銘を受ける出来事がありました。

二つめの言葉は、直接いただきました。

萩本欽一さんが「欽ちゃん球団（茨城ゴールデンゴールズ）」を立ち上げたときです。

欽ちゃんを応援するために球場に試合を見に行ったら糸井さんとバッタリ会って、ノックをする欽ちゃんを見ながら何げない立ち話になります。

その当時、僕は、「ラジオリビング」というラジオ通販、つまりショッピングコーナーを任され始めた頃でした（『あなたとハッピー！』で今でも担当しています）。

通販コーナーって、当時アナウンサーの仕事の中で、なんとなく下に見られていました。

商品を売る仕事をクリエイティブと見なしていない空気感。それが僕は悔しかった。

糸井さんはそんな僕の状況を知ってか知らずか、唐突に
「昨日、すごく高いお箸を買ったんですね」

と言うんです。

「使うかどうか分からないんですよ。でも、やっぱり、買う行為、それ自体が楽しいんだ

なって分かったんだよね」

あの笑顔でニコニコしています。

そして、一言。

「買い物って最高のエンタメだよね」

この言葉に驚かされました。人が欲しいものに出合って、お金を払う瞬間は何事にも代えられないほどのエンタメだと。お金を払うその行為自体が快楽だと。その人がお金を出してまで手に入れたいと欲するものと出合えるのは、素晴らしいことなんだよと教えてもらいました。

糸井さんに、直接「その考え、いただきます！」と言いました。

僕はいつも、他のアナウンサーと違うことをやらないと生きていけないと思っています。それはまさに、抜きんでた自分のセールスポイントがないからです。みんながあまり重視していないからこそ、通販コーナーの達人になりたい！と思いました。

商品を紹介するときの意識のベクトルを変えてみました。商品を紹介するのではなく、使ったときの「あなたのうれしさ」や「あなたの喜び」にフォーカスするように。つまり商品を「売りたい」ではなくなりました。なんなら別に売れなくてもいいと思っています。商品と出合ったその人が笑顔になる瞬間を想像して、言葉を伝えることを意識するようになると面白いように商品も売れていく。

通販コーナーの極意は売りたいと思わないことだったんです。

やがて「垣花が紹介すると売れる」と評判になるようになり、やがてフジテレビの夕方の「スーパーニュース」が特集で取材に来てくれるほどになりました。

ショッピングコーナーは目の前の商品を売りたいと思って紹介をする、そんな当たり前だと思われていることも、違う目線で見てみること。売りたいという気持ちは要らない。

これは大きな発見がありました。

さて、「あいつも呼ぼうぜ」に話を戻します。誰かにとって居心地のいい人になる方がいいんだという考え方は番組に対するスタンスでもあります。「垣花正 あなたとハッピー！」を今後どんな番組にしたいですか？

よく聞かれる質問です。

僕は、一日でも長くやりたい、と答えます。これは人生の目標も同じで「一日でも穏やかに長生きしたい」です。

実際にはこのあとも出てくる借金や遅刻など、いろいろな失敗の繰り返しで大波だらけになっているので理想とは違っていますが、番組もできるだけ長く放送されて、リスナーの暮らしの中に「いてもいいよ」という関係になることを目指しています。

強烈な印象を放ち駆け抜けていく伝説の番組もありますが「垣花正 あなたとハッピー！」はそうでなくていいんです。多くの人に、なんだか一緒の時間過ごしていてる感じが楽しいよね、と思ってもらえる**「あいつも呼ぼうぜ」的な番組が理想です。**

THINKING METHOD

〝上機嫌〟が最強のスキル

01

コメディアン

萩本欽一

欽ちゃん劇団1期生のぶっちぎりの1位だった

萩本欽一さんが旗揚げした欽ちゃん劇団の1期生だった垣花さんは、「私の人生のベースは欽ちゃんから教わった」と語るほど。感銘を受けた運についての話や、欽ちゃんから見た垣花さんなど将来の金言を含めて、いろいろ教えていただきました。

一番前に座って大きな声最初から正解を出していた

――垣花さんは欽ちゃん劇団1期生だったとのことですが、印象に残っていますか？

萩本　覚えていますよ。授業の初回で一番前にいたヤツに「オマエの名前何ていうんだ？」と聞いたら、でっかい声で「垣花正です！」と答えたヤツがいて。「オマエ、声もいいねぇ」となったのを今でも覚えています。それが垣花だったんだけど実は垣花、もうその段階で正解を出しているんですよ。だって一番前に座って大きな声で返事をしているわけだから。これに勝るものはない。なので最初から50

人中1位。で、面白いのが、後々に聞いたことだけど、みんな垣花を見て反省したって。「あぁいう生き方をしなきゃいけない」と思わせていたらしい。あの中でスターだったんだよな。ぶっちぎりだったから。

――きちんとインパクトを残していたんですね。

萩本欽一
Kinichi Hagimoto
1941年生まれ、東京都出身。坂上二郎とコント55号を結成しテレビを席巻。'24年はライブにも精力的に出演

萩本　大きい声を出せというのは、最初に教えることなんですよ。僕も浅草で修業していたときに、それしか教わらなかったから。そのときは分からなかったけど、一人前になったとき、「何でそうなるんだ」と思ったことを怒鳴って「なんでそーなるの！」って言ったら有名になっちゃって。大きい声は本当に重要。それを無意識でできてる。あのときからただものじゃなかったんだな。

――劇団ではどのようなことを教えていたのですか？

萩本　僕はこれまで誰かに何かを教えたことなんて何もない。修業というのは、察して気づいてどんどん行動していくこと。だから垣花ともそんな話ばかりしていたんじゃないかな。まぁ、垣花の場合は最初から一番大事なことができていたわけだし。教えることなんてないよ。

人生を上向きで転がれる要領の良さを持っている

――劇団を半年ほどで辞めた垣花さんは学業に戻り、アナウンサーとして就職するためニッポン放送を受けていましたが、欽ちゃんは知っていましたか？

萩本　恐ろしいなと思いました。だって学生時代に僕のそばにいたら、就職するときに「欽ちゃん劇団にいました」という大きなコネを使えるんだもん（笑）。さすが早稲田。頭が回る。劇団なんて少しの期間いればいいわけだから、そこも分かっている。いいコネを持ってきちんと就職する、すごいヤツですよ。

――面接官が、欽ちゃんの番組を作っているディレクターさんだったのも縁がありますよね。

萩本　運もいいんだよ。実は、「大将、垣花って子、劇団にいた？」って聞かれたのよ。そのときすぐに思い出して、「優れモン。気分のいいヤツだよ。なぜ？」と聞いたら、ニッポン放送のアナウンサー試験を受けに来たって。そしたら1カ月後、「大将、アイツ受かっちゃったよ」って。すごいよ。人生を上向きに転がっていって。普通、上向きに転がるなんてできないのに誰にも教わらずにできている。運があるよ。

――ニッポン放送で再会した際、「オマエはこの顔だからラジオだと思ったよ」と声を掛けたとのことですが…。

萩本　見た瞬間思ったの。コメディアンって顔でもないし、俳優でもない。ラジオしかないって！　実は僕、顔をすごく大事にしていて。〝ひどい顔〟をしている人ほど、ヒット番組を作れると思っているの。垣花のことを言ってきたディレクターも〝ひどい顔〟だから任せてみたら「欽ドン！」を作ってくれた。なんで僕、どっかで〝ひどい顔〟を探している（笑）。だってそっちの方が運はあるから。垣花もそっちの部類だよ（笑）。

――〝運の貯金〟など、欽ちゃんのそばで運について学んだと垣花さんは言っていました。

萩本　運は使い方が悪いとダメ。でも運の研究をしている人なんて

いないから、大抵みんな使い方が悪いんだよ。で、運が悪くなったときによく、「まいったよ」って言っちゃう人が多いでしょ。これも良くない。困っちゃったらダメで、「痛い目に遭ったな、よし次は！」となっていかないと。そこで終わらず、次を見つめて何か行動を取っていく。そうすると運は自然とやって来るから。悪いことがあったらいいことがある。それが〝運の貯金〟です。そして、運は人が連れてくるもの。これがすごい大事だと思います。

――まさしくこの本のタイトルが「人は出会いが100%」。出会いについて書いています。

萩本　本当に大事。一人でいたら何も変わらない。いいことばかりではないかもしれないけど、人がいないと人生は動いていかないから。垣花はいいところに目を付けていると思うよ。

いろんな人の話を聞いて目的を持って頑張れ！

――欽ちゃんは、〝夢を持つな〟と教えていると聞いたのですが。

萩本　夢は実現しないから持たなくていいの。何かを実現させたいと考えたとき、夢の下を目指せばいい。夢の下は目標なんだけど、夢を持つくらいなら〝目標〟でいい。でも目標を立ててもできるかなんて分からない…となるなら、〝目的〟でいい。〝目的〟だったらみんな持てるでしょ。僕の場合は、夢が日本一の喜劇俳優だったので、目標はテレビに出ること、そして目的はコメディアンとして多くの人を笑わせること。こうなると、簡単じゃない？　〝目的〟ははっきりしているからやりやすい。だからこれからも、垣花には〝目的〃を持ってほしい。それがあると、行動しやすいから。

——今後の垣花さんに期待していることを教えてください。

萩本　期待していることはないよ（笑）。でも、もう50代だろ。僕は、20代は文句を言わずに働いて知恵をつけ、30代はその知恵でいろんなことを考え、40代は考えて作った番組に関わる人たちを見つめ、50代はいろんな人たちの話に耳を傾ける…。そんな感じで過ごしてきたから、垣花も周りの人の話に耳を傾けていくのがいいかも。僕は50代の頃は、映画（「欽ちゃんのシネマジャック」）を撮っていたかな。目や耳から入ってきたことをやっていれば何か生まれる。周りをよく見て、周りの人からいろいろ聞いてもらいたいかもね。

——ラジオからテレビに活動の場を広げていることに関してはいかがですか？

萩本　「あ～バカだな」と思った（笑）。新しいテレビは何だろうと考えてたときに、ラジオにヒントがあるんじゃないかと思っているんだよね。ラジオは古いと言われた時代もあったけど、実はこれから新しいものはラジオから生まれる気がする。そんなラジオを盛り上げる救世主になれる気がしたのに…。でもまぁラジオで一番になれたのだから、テレビでも何か開拓するかもしれないね。そんな姿を見てみたい。顔はどう見てもラジオ向きだけど（笑）。

KAKIHANA'S VOICE

僕はすてきな人と結婚することができたので、本当に結婚で運を使い果たしたとばかり思っていました。やっぱり、いつまでも顔は褒めてもられないんですね（笑）。でも「欽ちゃん理論」だと、僕はこの顔だからこそ、いつまでもずっと運の貯金が貯まっていくってことですね！　それはそれでとっても安心しました！

Chapter02

心躍る出会い

自分の知らない一面を引き出してくれる人たち
出会いによって開花したことがたくさんありました

075-118

Chapter02／08

最悪の朝から始まった最高の出会い

meets

和田アキ子

朝、目覚めたとき、目に飛び込んできたのは見慣れた天井と、目覚まし時計でした。

「えっ!? 時計のセットが止められてる!」

前日、夜の番組のスタッフと飲みに行ったのは覚えています。自宅に帰ってきて、アラームはしっかりとセットした。間違いなく。

もちろん翌日の仕事をおろそかに考えていたわけではない。むしろ楽しみにしてさえいた。和田アキ子さんの特番。ましてやテレフォンセンターからの中継は得意ジャンルです。

初めて会う和田アキ子さん。

あいさつが大切だと聞いていましたから、どんなふうにあいさつをしようかまでシミュレーション済みです。

「アッコさん、初めまして！　垣花といいます。僕は沖縄県宮古島で育ちました」

「ずいぶん遠くから来たんやな」

「はい！　実は宮古島はＮＨＫしか映らないので、紅白歌合戦をビデオに録画しては擦り切れるほど見てました！」

　想像上のファーストコンタクトは完璧。


しかし、時計は鳴らなかった！

時計の針は9時10分を指していました。テレフォンセンターからの中継の最初の出番は9時20分だったはず。

　家を出るのに5分、かからなかったはずです。大きな通りに出てタクシーに飛び乗ります。正しく電車で乗り降りできるほど冷静でないのは分かっていました。心臓が跳ねる音が聞こえます。歯がガタガタ震えています。

「運転手さん、ラジオ、ラジオをニッポン放送にしてください」

　カーラジオからはアッコさんの明るい声が聞こえてきます。

まさに、ちょうど9時20分になったところでした。

「リクエストは早速届いているのかな？　ではテレフォンセンターを呼んでみましょう。テレフォンセンターの垣花くーん」

僕はタクシーの中で心の底から叫びました。

「はーーーーーーーい！」

しかし僕が遅刻をしているのは悪夢でも何でもなく、現実であることをラジオが教えてくれました。テレフォンセンターからは僕の先輩の増山さやかアナウンサーが登場。

「アッコさーん、ご無沙汰しております。増山ですぅ」

「お、お久しぶりです。どないした？」

「実はですねぇ、今日、中継を担当する垣花正くんがですねぇ」

「お、どないしたん」

「はい、えぇ、あのー遅刻しておりますぅ」

「おもろいやないかい」

もうそれから先のやりとりは記憶からすっぽり抜け落ちています。あってはならないことが現実に起こってしまった。もう変えられない事実を受け入れるしかない。

急に車窓からの風景がゆったりと流れていきます。終わってしまったんだな。それは音のない風景でした。小さなため息が漏れそうになりますが、ため息をつく余力すら、もう既になくなりかけていました。

スタジオに到着します。運命の瞬間でした。

サッカーでゴールを決めた選手がやる芝を切り裂くような膝からの滑り込み。頭を床につけんばかりに深く深く下げる。

「申し訳ありませんでした！」

するとアッコさんは想像だにしなかった優しい言葉をかけてくださいます。

「謝まらんでええよ」

視界に映るのはアッコさんの靴。ゆっくりと顔を上げた先にはテレビでいつも見ているがアッコさんがほほ笑んでいる！

「謝まらんでええ。二度と会うことないんやから」

これが僕と和田アキ子さんとの最初の出会いでした。「よくこんな最悪のスタートからリカバリーできましたね」といろいろな人に言われます。

まずは本当に許してくれたアッコさんに感謝しかありません。この自分のミスを改めて振り返ったときに**「謝罪」というのが、謝る人と謝られる人だけでは成り立たないことに気づきます。**間に入って混乱した状況を整理して、言葉が届くように橋を架けてくれた人がいたことにハッとさせられるんです。

状況はまさに混乱していました。アッコさんはライブを控えていました。許す許さないはどうでもいい。

アッコさんの口癖が耳に響いてきます。

「そんなことはどうでもいい、邪魔くさい」

余計なことに振り回されたくない。アッコさんのおっしゃる通り。一方で、どんな形でもいいから謝らせるために尽力してくれた人がディレクターの金井さんです。

そしてもう一人、橋を架けてくれた人がいます。ホリプロ・N取締役（当時のアッコさんのマネジャー）です。アッコさんの隣にいて、いつもみんなを明るくさせるラテン系のNさん。明るさだけでなく、本当のピンチのときに土台になって支えてくれる。この人がアッコさんを説得して謝罪の日をセッティングしてくれたのでした。

金井さんと一緒にホリプロに謝罪に行ったのは忘れもしない夏の暑い日。

「垣花ァお前、ジャケット冬物しかないのか、しょうがねぇな」

お台場のホテルで高めのお菓子を買ってタクシーに乗り目黒へ。ホリプロの入り口にはアッコさんの新曲「真夏の夜の23時」のパネルが飾ってありました。

少しセピアがかった写真のアッコさんは、大きなサングラスに、タバコをくわえ、リラックスしたポーズ。これからこの人と向き合うのかと思うと足がすくみます。

初めて入るホリプロの中。壁に貼ってあるポスターこそ芸能人ばかりですが社員の皆さんはパソコンに黙々と向き合い、時々鳴る電話に対応している。僕と金井さんはオフィスの片隅にあるソファでアッコさんを待っていました。

「今リハーサルしてるから」と笑顔で現れたNさん。僕を見てにっこり笑います。口には出さないが顔は大丈夫と言ってくれています。

奥のドアが開き、汗だくのアッコさんが現れました。少し息が切れています。Nさんに軽く話した内容から察するにリハーサルはうまくいったようでした。

「なんやそれで」

口調はぶっきらぼうですが、明らかに優しいニュアンスになっています。

「もうええのに。分かった、分かったよ。これからお互い違う世界かもしれんが、頑張っていきましょう」

アッコさんははっきりと違う世界という言葉で距離を置きつつも、謝罪を受け入れてくれたようでした。

ホリプロを出ると金井さんが近くにあるとんかつの名店「とんき」に連れて行ってくれました。白い調理着に身を包んだ職人さんたちが広いオープンキッチンで全く無駄のない動きで仕事をこなしていました。初めて食べるサクサクの衣に軟らかい肉。金井さんから、「とりあえずお疲れさま」と声をかけられると向こうからNさんの姿も。「良かったな、お疲れさん」と声をかけるために、わざわざホリプロからやって来てくれたのでした。

目の前には、とんかつの職人さん、そして僕の両サイドにも素晴らしい2人の大人。大人に囲まれて、一人だけ素人がそこにいました。肩をすくめて真冬のジャケットを着て。

あのとんかつの味だけは一生忘れないと思います。

金井さんは直後に僕を「ゴッドアフタヌーン アッコのいいかげんに1000回」（ニッ

ポン放送、'90年〜）の中継コーナーの担当にしてくれました。

そしてその頃、Nさんに声をかけてもらって初めて見た和田アキ子コンサート。NHKホールでした。度肝を抜かれました。ホール全体を支配するような迫力。単なる歌を超えて、人生の重みや経験がそのまま投影され、歌詞は物語に変わる。地球の中心がここであるかのような錯覚すら覚えました。

それをNさんに伝えたら（僕の本心なのだが）Nさんは「相変わらずオマエは嘘くせぇな」と笑いました。

「アッコさんに言えよ、それ」

アッコさんは喜んでくれました。最初の頃は。毎回、コンサートの感想や歌番組の感想をメールするようになると、やがて〝歯の浮くようなコメント〟が僕のトレードマークになり、アッコさんや周りのスタッフからイジられるようになっていきました。こうしてチームに入れてもらうためにやはりあの人の手、この人の手の力を借りながら、僕は少しずつアッコチームに溶け込んでいった気がします。

そんなこんなで、最初は遅刻から始まり、リポーターになり、'01年からはアシスタントになり、もう23年もアシスタントをやらせてもらっています。アッコさんとのご縁でホリプロにも所属することになりました。

毎日たくさんのことを教えてもらっています。時々そのお付き合いの長さから、「アッコさんのような大御所と付き合う極意は?」と質問されることもあります。

極意ではないですが、ラジオを一緒にやる中である気づきがありました。**それは和田アキ子を輝かせるために別人のアッコさんが存在しているということ。**古い例えですが「鉄人28号」を操縦する正太郎くんをイメージすると分かりやすいと思います。

圧倒的な歌唱力と迫力でステージに立つ姿やバラエティー番組でのユーモアと威圧感が絶妙に共存する和田アキ子というキャラクター。誰もが知っているつもりのアッコさんの内側に、小さな正太郎くんがいることに、ふとラジオをやっていると気づく瞬間があります。

和田アキ子を操縦する〝正太郎くん〟は、ステージに上がる前に小さな声でこうつぶやいています。

「今日も全力で、みんなを楽しませるぞ。でも、大丈夫かな。うまくできるかな」

鉄人のように見えるアッコさんも、誰かの期待を背負いながら、内なる正太郎くんと葛藤している。恐怖も迷いもあるけれど、**それでもステージに上がり、毎回、観客を圧倒す**

る姿に胸を打たれるんです。僕はその頑張りに気づいたときには自分なりに声を掛けられたらいいと思って接しているだけなんです。

それは仕事でやっているのではないと思います。それは本当に感動します。傷だらけでも今日も期待に応えるために飛ぼうとする姿に。

そして極意でもなんでもないと強調したのは、おそらく**誰にでも内なる正太郎くんがいるはず**で、だから、あなたの身近な人の中にいる、そんな存在に気づいたら、声を掛けてあげましょう！

「今日もよく頑張ったね」

THINKING METHOD

鉄人だと思われるどんなにすごい人も
心の中には〝正太郎くん〟を抱えている。
その存在に気づき、寄り添う

Chapter02／09

どんな状況でも楽しめるラッキーカウントメーターは必須

meets 瀬戸内寂聴

瀬戸内寂聴さんは、生涯を通じて文壇に革新をもたらした作家であり、僧侶としても人々に深い共感を与えた人物です。今回は、そんな瀬戸内寂聴さんを激怒させた話です。

そもそもなぜ僕が瀬戸内寂聴さんとお仕事をすることになったのか？

寂聴さんの言葉の魅力は説明不要です。優しく、時に厳しく語りかけるその魅力は、文字として人々の心を揺さぶるのみならず、発する声を通しての魅力も大変なものがありました。つまり寂聴さんがラジオ番組にゲストに出ると、聴取率がグンと上がるのです。

寂聴さんほどの人物ですから、簡単にスケジュールが取れるわけではありません。ラジオの聴取率調査は年に6回ありますが、寂聴さんが出演してくださるのはそのうち年に一度あるかないか。それほどのスペシャルなゲストなんです。

当時の「あなたとハッピー！」のまさにジョーカー的な切り札が瀬戸内寂聴さんでした。プロデューサーが満を辞して初めて番組に寂聴さんをゲストで呼んでくださったとき、僕も勝負だと感じていました。寂聴さんご出演のラジオを徹底して聴きまくりました。そして僕は距離感を一気に縮めて大丈夫という判断をしました。初対面から、なれなれしく攻めていきました。すると放送後、**「今度はね、京都の寂庵に来なさい」**と、あの甲高い声でおっしゃったのです。寂聴さんの懐に入れた瞬間でした。

そしてやはり聴取率は抜群の結果でした。


時は流れてその半年後、さらに企画はグレードアップします。

寂庵という名の、京都のご自宅からまるまる3時間半生放送することになったのです。寂庵の落ち着いた雰囲気の木製の門を開けたのを思い出します。澄んだ空気。朝8時の時報とともに生放送がスタート。色鮮やかな紅葉に見とれながら、門をくぐります。足元で静かに音をたてる砂利道を歩いていくと、立派な庭園を構える日本家屋が見えてきます。そこには、にっこりと柔和な笑顔を見せる寂聴さんが丸いテーブルの前に座り手招きをしていました。そうやって始まった寂庵からの生放送も大成功。放送が終わり、上機嫌の寂聴さんは廊下の奥へと僕やプロデューサーを導いてくれます。そして寂聴さんがボタンを押す。すると壁が静かにスライドし、そこにはすてきなワインバーが登場しました。

「楽しかったからね、好きなワインを飲みなさい」

あの日のワインは生涯のワインと言っていいほどおいしいワインでした。またご出演いただけると確信し、スタッフと共に寂庵を後にしました。

それからおよそ半年後、ついに事件が起きます。

今回はスケジュールの都合で収録というスタイルになりました。横浜某所で寂聴さんの講演会があり、終わり次第、番組のコーナーの収録です。講演会を終えて、収録用にとってあったホテルの一室に入ってこられた寂聴さんの表情にはお疲れの色がありました。発言もいつもとは違いました。

まず用意されたイスを一目見て、「このイスはなんだかイヤだわ」とおっしゃいました。さらに番組企画を改めてプロデューサーが話すと、「また人生相談なの？　本当に同じ企画ばかり」とため息をつかれました。

正直、毎回、企画は人生相談なんです。寂聴さんに相談したいことをリスナーに募集をかけていますので、変更するわけにはいかないという事情をお話し、寂聴さんになんとか納得していただきました。そう、ここで僕らスタッフは感じていました。

「なんとか5日間分を録る」

プロデューサーとアイコンタクトをします。寂聴さんのテンションを上げますが、笑いが起きないまま収録は進んでいきます。事件は木曜日分の収録中に起こりました。

寂聴さんが「平塚らいてう」とおっしゃった。平塚らいてうは、日本の女性解放運動の先駆者で、文芸誌「青鞜」を創刊し、女性の自立を訴えた人物。僕はそのとき、彼女を知らなかった。そこをスルーすれば良かったんです。しかし正直に、知らないと言って、少し怒られたら、もしかしたら笑いを作れるかも…そんな邪推が頭を横切りました。

「寂聴さん、平塚らいてうって、誰?」

と尋ねました。その瞬間、穏やかな寂聴さんの顔は大魔神の怒りの表情へと豹変しました。

「あぁもう平塚らいてうも知らないような人間がね、私にインタビューする。もうね、あなたみたいな人間がマスコミにいるから、日本のマスコミはダメになったんですよ。私は彼女のことを小説にして出しましたよ? 読んでいないんですね」

ものすごい早口でした。僕の顔をじっと見て、初めて見るような顔をされました。「あなた、こんな顔でしたか？　もう見たくない。あぁ嫌だ。もう一緒にいるのもイヤっ。私は帰ります」と立ち上がります。プロデューサーは頭を下げました。

「すいません先生、せめて、あと一日分、録らせてください！」

しかし寂聴さんが返した言葉がすごかった。

「この人が説教されてるところを使ったらいいんです」

寂聴さんは本気です。これをコンテンツとして世に出していいと言う（結果オンエアされることはありませんでした）。そして寂聴さんは帰られました。僕は真っ青なプロデューサーには悪いけれど、心の中で、本当に心の片隅で、ラッキーと思っていました。

ネタができた。

全部自分が悪いんです。嘘を言うこともできたんです。だけどそこで嘘をつかずに一か八かアタックして玉砕しました。今でも反省しています。ただ頭の片隅に、どんなに怒られても死ぬわけじゃないんだから、ワンチャン笑い話になるぞって計算した自分もいます。

寂聴さん申し訳ありません。

僕のラッキーカウントメーターは、やはりゆるゆるです。横浜で瀬戸内寂聴さんにお話が聞ける、それだけでラッキーをカウントしています。さらに寂聴さんがキレている。そのとき、僕のラッキーカウントメーターはビンビンでした。

例えば、眠るときも、「今日も幸せだったな」って毎晩必ず思います。布団の上で寝られる。妻から離婚を切り出されなかった。そういう底辺からしっかりとラッキーをカウントしていきます。**普通の人が当たり前なことをラッキーとカウントできれば毎日がハッピーです。**仮に地雷を踏んだとしても、最終的には全てネタだと笑えるメンタルを持っていればなんとかなります。

これからも瀬戸内寂聴さんの話をします。するたびにラッキーを感じて生きていきます。寂聴さん、どうか許してください。

THINKING METHOD

人にはいろんなところに地雷が埋まっている。踏んだときはヘコまず！ その状況を楽しむことが一番

Chapter02/10

プレッシャーは仲間と勢いで超えていく「まだそこにいていいよ」と言われるために

meets 井手功二

'80年代後半から'90年代前半のニッポン放送の夜10時からの帯番組といえば、三宅裕司さんの「ヤングパラダイス」（ニッポン放送、'91〜'95年）と「伊集院光のOh!・デカナイト」。**2人のラジオスターを連続で生み出したとんでもない枠**なんです。これは奇跡に近い。ニッポン放送の偉業です。このスポーツ教室からオリンピック選手が2人も立て続けに出ました！って、もう横断幕がかかっちゃってる。

強い輝きの横には陰もあるわけで。伊集院光さんと三宅裕司さんの番組の間には、内海ゆたお（現在はゆたかに改名）さんの「内海ゆたおの夜はドッカーン！」（ニッポン放送、'90〜'91年）という番組が存在しました。当時、内海ゆたおさんと仲良しだった伊集院さんが目撃したのはこの枠のプレッシャーだったといいます。

「ニッポン放送の看板番組をいきなり背負うから、(ゆたおさんへの)その重圧がキツくて。『人間ってこうなるんだ』と思ったのが、たまたま何かの祝日で、ゆたおの、『夜はドッカーン!』っていう番組がお休みっていう日。夜10時から始まる番組なんだけども、9時50分ぐらいにゆたおと一緒にいて『見てて』って言うわけ。そしたら時報とともに、じんましんが出るのよ。人間の体ってそんなふうになっているんだって。その**プレッシャーがもう頂点を超えたら、そうなるんだって**」(「ナイツ ザ・ラジオショー」(ニッポン放送、'20年〜)伊集院光ゲスト回より)

「夜はドッカーン!」は残念ながら1年弱と短命で終わります。そして伊集院光さんが「Oh!デカナイト」をスタートさせ、大人気番組となり、ラジオスターの座を不動のものにしていきます。

およそ4年続いた伊集院光さんの大人気番組の後がやはり大変でした。「キャイ〜ン天野ひろゆきのMEGAうま!ラジオバーガー」(ニッポン放送、'95年)が、スタートして半年たつ頃、もうすぐ終わるらしいといううわさが、社内に流れ始めます。

その頃、僕の「オールナイトニッポン」は（ある意味当然のように）1年で終わることを早々に告げられていましたから、よその番組のことなど気にもかけていませんでした。

そんな折、新番組の担当プロデューサーの土屋夏彦さん（黒ひげ危機一発のような見た目のおじさん）が廊下で、僕のことを呼び止めます。

「お前、これから暇になるんだろう。夜10時から空いてるか」と聞いてきました。

「いつの10時ですか?」

「毎日だよ」

ウサギみたいな赤い目をしながら黒ひげの口が動きます。

「井手功二（現在は井出コウジに改名）という天才がパーソナリティをやるんだが、この『ゲルゲットショッキングセンター』（ニッポン放送、'95〜'99年）っていうのは、ラジオでありながら、架空のショッピングモールなわけよ」と。

さっぱり意味が分かりません。

「架空のショッピングモールだから店内のＤＪが必要なわけよ。それお前やらないか」と言うのです。意味は全く分からないが仕事依頼であるのは間違いないようでした。もちろん二つ返事でやりますと答えました。

「ただし、条件がある、名前を変えてくれ」。黒ひげの提案で、アメリカにいるLL・クール・JというラッパーにちなんでLFクールKというマイクネームをいただくことになりました。

アナウンサーをクビにさえならなければいいという気持ちでしたから、**名前くらい変えます。**しかし変えるのは名前だけではありませんでした。番組用の写真を撮るときに隣にいたディレクターが「お前、名前をクールKにするんだったら、そんなダセェ見た目ではダメだろ。頭をモヒカンにしろよ」と提案してきました。みんながゲラゲラと笑っています。ここで「できません」はありません。

「モヒカンやります！」

と二つ返事。「おー！」と歓声が上がります。30分後には、モヒカンとサングラス姿で写真に収まっていました。

プロデューサーの土屋さんが言うしゃべりの天才という井手功二さんは日本語ラップブームに乗って売り出し中のミュージシャンで、見た目はファンキーだけど、バランス感覚に優れ、言葉選びのセンスが抜群の人でした。

音楽はもちろんエンタメにも造詣が深く、多趣味の井手さんが毎日3組ほどやって来るゲストから話を引き出し、僕が暴走する役割。

最初はゲストが持ち込むグッズを紹介して、電話番号でビンゴをする。電話がつながったリスナーが第一声「ゲルゲ！」と叫ぶ番組でした。やがてコンセプトが変わり始め、スタッフ参加の駅伝をやってみたり、リングを作り学生プロレスを呼んでみたり。

ニッポン放送の王道の枠に誕生した、トリッキーな内容の番組でした。

社内の評判は最悪でした。とにかく何をやっているか分からないという声が一番多く、軽蔑のまなざしで、「ゲルゲ」と言って、笑いながら去ってゆく他番組のディレクターもいました。でも、プロデューサーの黒ひげはなんでもありでいいんだと笑っていたので、悩んでいる場合ではない、と割り切りました。クビにならなかっただけラッキー。まして見た目はモヒカンなわけだから暴走するしかありません。

リスナーからの評判は社内ほどひどくはなかったのか、局アナ、モヒカンの破天荒なキャラクターは、井手さんの手のひらの上で、少しばかり輝き始めました。

風俗、借金、遅刻、番組の飲み会で裸になって店を出禁になった話。ラジオ特有の内輪ウケが中心。僕が社内で怒られれば怒られるほどリスナーが喜ぶというような、そんな一体感が生まれ、**王道の枠というプレッシャーは仲間たちと一緒に勢いで吹き飛ばしました。**

とにかくディレクターと2人きりだった「オールナイトニッポン」と比べて、仲間と番組を作る喜びを初めて満喫できた、青春と呼べる時期でした。

この頃は毎晩のようにスタッフと飲み、1年間で体重が30キロ以上増えて、宮古島から上京してきた母は、変わり果てた僕を見て泣いていました。島に帰ろうと言う母をなんとか、なだめ、説得し、とにかく一歩間違えるとクビになりそうな危ない橋を渡りながらモヒカンキャラを続けました。

番組は大ヒットアニメ「エヴァンゲリオン」のブームに井手さんがハマり、軌道に乗ります。また、黒ひげプロデューサーをモチーフにした「飛んでけつっちー」というネタコーナーが盛り上がったり、僕は〝デブッチョ・カッパーフィールド〟というキャラクターで体を張ったイリュージョンをしてみたり（聴いてない人には全く分からないでしょうが、でも聴いていた人は泣いてるかも）、そのうち、聴取率が1位になり、番組のイベントができるまでになっていきました。

リスナーがリアルにどんどん増えていく初めての経験でした。

イベントは東京国際フォーラム ホールAや、川崎球場など、規模がどんどん大きくなっていく。井手さんがやっているバンド「チャーミースマイル&グリーンヘッド」通称・チャミグリ！は地道に路上ライブもやりながら、「僕たちの旅」という名曲も生んでいきました。井手さんはミュージシャンとしてブレイク寸前。まるで毎日学園祭を作っているような面白さがそこにありました。

しかし終わりというのは急にやって来るものです。ニッポン放送の夜の大改編により、この番組は3年半で終わりを迎えます。

まだまだやりたい。チャミグリ！はあと一押しでいけそう。何より、せっかく手に入れた居場所がなくなってしまう寂しさと、大きな不安でいっぱいになったのを覚えています。

ラジオは内容はもちろん、楽しい空気を伝えることが大事。偉そうなことは言えませんが、**スタッフの人間関係は、必ずリスナーに伝わるということを学んだ番組**でした。

最初から王道ラジオができないから、ひたすら仲間と楽しむしかなかった。それが伝染してどんどんリスナーが増えていった。初めて井手功二さんと会って、おじいちゃんことＤＪ ＴＡＫＡＷＯさん、ジャネット山岡（山岡かずみアナ）と、ラジオの素人みたいな4

人が始めた小さな番組が、数え切れないファンを獲得し、でかいイベントをできるまでになった。**大げさに言うと、僕らにとっては奇跡でした。**

今でもクールKと声を掛けられます。この番組を青春時代に聴いていたという人が、僕に呼びかけてくれます。25年近くたっているのに、いまだに覚えてくれている人がいる。

TOKYO MXテレビの朝の情報番組の若きプロデューサーは最終回の日の新聞のラテ欄の切り抜きと、たくさんのグッズを手に、楽屋にやって来ました。思わずたくさん持ち込んでしまうのがラジオリスナー。そこには真空パックのように一緒に過ごした時間が閉じ込められている。そう信じています。尾崎世界観さん、神田伯山さんも聴いてくださっていたそうです。いつか井手コウジさんと一度だけ番組をやることがひそかな夢です。

THINKING METHOD

プレッシャーに負けないために必要なのは笑いながら立ち向かえる仲間

Chapter02/11

相性の良さを引き出すための分析。「前提」を確認するだけでガラリと変わる

meets 中瀬ゆかり

ここではいきなり大胆な説から展開させてください。

中瀬ゆかりさんという人を説明しようとすると案外難しい。

新潮社の執行役員であり、日本を代表する編集者であるのは間違いない。中瀬さんに絶大なる信頼を寄せる作家の皆さんをたくさん知っています。一方でメディアに登場するときには中瀬さんはいくつかの顔を使い分ける。知的な編集者のときもあれば芸人顔負けのトークを展開し、関西弁でボケやツッコミを繰り出したりする。

まるで舞台女優。その場その場で一番似合う仮面を着けます。フジテレビ「とくダネ！」

（'99〜'21年）では真面目なコメンテーター。TOKYO MXの「5時に夢中！」（'05年〜）のときはシモネタコメンテーター。そして僕のラジオ「あなたとハッピー！」では鼻毛コメンテーター。オバハン笑いのボイスサンプルのような「ガハハハハ」という豪快な笑い声を響かせながら、激しくのけぞっている中瀬ゆかりさんをどう説明すればいいのか。

中瀬さんとは先ほど挙げた二つの番組で共演しています。それが二つとも木曜日。だから僕の木曜日は「中瀬ゆかり二毛作」です。

また中瀬さんと僕と誰かという3人のパターンで飲みに出かけることがものすごく多い。ほぼ毎月飲んでいます。このままいけば、僕は妻以外で人生で一番飲んだ人は中瀬さんになりそうです。

この飲み会での中瀬さんがすごいんです。

何がすごいってモテっぷりがすごい。僕はこんなにモテる女性を他に知らない。先ほど書いたように中瀬さんの顔の広さのおかげで僕もさまざまなタイプの人と飲みに行きますが、全員が中瀬さんに夢中なんです。

3人で飲んでいるときはもちろんですが、これが集団になるとさらに際立つ。僕以外の全ての参加者が中瀬さんに絡もう絡もうとしてちゃちゃを入れてくる。その全ての人に対して中瀬さんは「うるせーバカやろう」「ガハハハハ」と、それは見事に返していく。それは、さながら空手の達人が百人の相手と戦ってみせる百人組手のよう。

みんな中瀬さんの「ガハハハハ」を求めている。あの笑い声に恋い焦がれている。そして中瀬さんはそれに返す。それも平等に！

この〝平等に〟がすごいんです。誰かに一切ひいきをせずに同じようにサービスをしていて。もちろん言葉では「○○さんイケメン。見つめられたら死ぬー」とか言っていますが、他の人に比べて肩入れ感はゼロ。他の非イケメンたちを不快にすることはないんです。

僕はこの完璧なバランス感覚に裏付けられた振る舞いをどこかで見たことがあることに気がつきました。誰に対しても平等に愛情を注ぐ姿。

それは松田聖子さんです。

ありがたいことに聖子さんとはお仕事で大変良くしていただいています。いつも特番のときはパートナーとして呼んでいただきます。ラジオに出演するとき、たくさんの関係者からの〝ごあいさつラッシュ〟があります。

コンサートやファンクラブイベントの軽い打ち上げのときも、あらゆるスタッフが聖子さんと一瞬でも会話したいと行列を作る。そのときにいつも感服するのが、聖子さんのこの平等性なんです。

平等性こそスーパーアイドルの条件だと思います。誰に対しても平等だからみんなが好きなんです。誰に対しても、表情に一点の曇りもない。いつもキラキラ。どんな立場の人に対しても。聖子さんに会えるチャンスなんて人生に一度あるかないかかもしれません。その人にとってはたった一度のチャンスが今日かもしれない。聖子さんにとっては日常でも。聖子さんはおそらくそれを分かっていらっしゃるんです。本当にずっと松田聖子のまま。これが日本という国をけん引してきたアイドルの中のアイドル松田聖子です。

そして**中瀬ゆかりさんは、松田聖子なんです!**

聖子さんのコンサートに行くと聖子さんにほほ笑んでもらいたくてファンは休むことなく「聖子ちゃーん」と声をかけ続けています。中瀬さんの周りも、あの笑い声を欲しがっている。「ゆかりちゃーん、聞かせてよ! あのオバハン笑いを!」と。

しかし実は中瀬さんは笑い袋のようにここを押せばあの笑い声が出てくるというタイプ

の人ではありません。中瀬さんはシャイな人なんです。中瀬さんは常識人なんです。

中瀬さんと最初に共演したのは「垣花正のニュースわかんない⁉」という番組。初めて自分の名前の付いた帯番組でした。

当時は今のように波長がバッチリ合っているわけではなく、どこかよそよそしかったのを覚えています。放送中は面白い話をしてくれるんですが、今のような、ツッコミ、ツッコまれ、ののしり合い、どんな話題でも流れゆく水が必ず川上から川下へ天地のことわりに沿って流れつくように、下ネタや鼻毛に展開していく今の関係性ではなく、ごく普通のレギュラーコメンテーターとパーソナリティという関係。お互いさらけ出すことができずにいたのを覚えています。だから「ニュースわかんない⁉」のときには、あまりかみ合わずに番組が終わってしまいました。

そして再び中瀬さんとご一緒するのが現在の「あなたとハッピー！」です。

出演いただいたのは、番組がスタートしてから4年ほどたったときでした。当時、番組が順風満帆というわけではなく、今でこそ1位の聴取率ですが、当時は2位か3位に甘んじていました。

このままだと番組が終わるかもしれない。

そんなタイミングでテコ入れの話があり、森永卓郎さんと中瀬さんに入っていただくことになりました。今度こそ中瀬さんの魅力を引き出したい！　本来の中瀬さんのあのオバハン笑いを引き出すんだ！　そう意気込みました。

そして中瀬さんに対して、僕は接し方を間違っていたと気づきます。

それはほんの偶然でした。久しぶりに会う日。つまり「あなたとハッピー！」に初めて出ていただいた、その日です。

ニッポン放送のスタジオは4階にあります。エレベーターを降りると、真っすぐ進み、報道部を横切って、突き当たりを左へ。その廊下の先にあるのが生放送スタジオです。

中瀬さんが久しぶりにニッポン放送にやって来ました。僕はそのときたまたま報道部で別の準備をしていました。ふと気がつくと、中瀬さんは僕に気づかずに通り抜けたんです。僕はあいさつしようと後を追いかけました。当たり前ですがその後ろ姿は放送中でもなんでもないので、普通の人。

そんな中瀬さんの後ろ姿を見ていたら、急に、

「この人は知的で常識人で、本当はシャイな人で、タレントではなく会社員なんだ」

という言葉が心に入ってきました。面白い人と思い込んでいるからダメなんだ。面白さを出してくださいと待ってるんじゃなくて、僕が踏み込んでいって、困らせるなり、かき回すなりして、リアクションしてもらう。その当たり前の努力が必要なんだと。もっと違う言い方をすると遠慮のなさ、失礼さが必要だと気がついたんです。

なぜ後ろ姿を見た瞬間に?という疑問はあるんですが、本当にスッと入ってきて理解したんです。その日からの関係性はリスナーや視聴者の皆さんのご存じの通りです。

僕の〝人との距離〟の詰め方。相手の素な部分を見つけたり、天然な部分を見つけて、ピンポイントで飛び込むのが得意です。

しかし、中瀬さんは常識人でシャイ。編集者という仕事柄、ある意味誰よりも人間観察が巧み。そんな人には物おじして距離を詰められなかった。

でも中瀬さんの根っこはどういう人なのかという前提を分かっただけで、ガラリとイメージが変わったんです。**相性がいいはずなのに踏み込めない。そんなもどかしさを解消したのは中瀬さんが常識人で普通の人という「前提の確認」**でした。その土台が間違えているとどんな分析も意味がないことが分かった瞬間でした。

最初に戻ります。

中瀬さんを説明するのは難しいと書きました。

一言で言い表すならば、「究極の伴走者」という言葉に尽きると思います。骨の髄まで編集者。相手に徹底して寄り添う。プロの伴走者はあまりに寄り添い方がさりげないので気づかれないほど。番組のためを考え、相手のことを考え、常に最高のサービスを提供していく。ただし、プロゆえに伴走する相手はしっかり見極めているはずです。

みんな中瀬さんが大好きであのオバハン笑いを欲しがっている中、たまたま僕は伴走してもらえている幸せ者です。それに甘えることなく、なんて言うつもりはこれっぽっちもありません。これからも甘えまくっていきます。番組でもプライベートでも。

THINKING METHOD

なかなか距離を詰められないときは相手を理解するための前提を見落としていないかチェックする

Chapter02／12

リスペクトを持ちながら一定の距離感で関わり続ける憧れの人

meets＞高田文夫

1990年の春、大学に進学するため上京しました。

高田馬場駅のBIGBOX前で派手なチラシを受け取ります。真っ赤なそのチラシは観音折りになっていて、開くと大きな顔がクローズアップされる。そこには内海ゆたお（現・ゆたか）さんがニッコリ笑っていました。

「ニッポン放送で新番組が始まります！　聴いてくださいね」

チラシを捨てずに電車に乗って寮まで持ち帰りました。新番組という響きと、東京にやって来て新しい暮らしが始まった自分とを重ねていたのだと思います。

寮は西武新宿線の田無駅から歩いて15分もかかる古い建物で、部屋は8畳。くじ引きで同部屋の先輩が決まります。僕が一緒の部屋に住むことになるのは、大分県出身の寮で最も無口な先輩。いつも部屋でボブ・ディランを聴いて本を読むか、腕立て伏せをしていたのを覚えています。僕は派手な生活音を立てるわけにもいかず、島から持ってきたラジカセにイヤホンをつないでニッポン放送を聴いていました。

とりわけ1年前にスタートしたお昼の番組「高田文夫のラジオビバリー昼ズ」（ニッポン放送、'89年〜）がお気に入りでした。寮で仲良くなった、2浪して大学に合格した斉藤くんは、地元でずっと「ビートたけしのオールナイトニッポン」（ニッポン放送、'81〜'90年）を聴いていたとあって、2人で深夜まで「北野ファンクラブ」（フジテレビ系、'91〜'96年）を見てはゲラゲラ笑っていました。斉藤くんは僕が宮古島で聴けなかった時代のエピソードを楽しそうに話してくれます。僕らの見解は「たけしもすごいが高田文夫が全部話をコントロールしてるよな」。イチ視聴者の会話なので生意気な言い回しをご容赦ください。高田文夫先生とはそうやって出会いました。

「高田文夫先生ってどんな人ですか？」

若いＡＤくんが、「ビバリー昼ズ」を初めて担当するというタイミングで、僕に質問してきました。僕は迷わず**「総合格闘技の最強選手みたいな人だよ」**と答えました。迷わず答えたってことは、前から僕はこの表現を誰かにしたかったんだな、って気づきます。

そんな「ビバリー昼ズ」は放送開始から35年。僕の「あなたとハッピー！」が17年。なんだかんだで高田先生のおっしゃる〝長屋〟、つまり、お隣に住まわせてもらっています。でも僕は高田文夫論を語る資格ランキングで言うと多分１００位にも入らない。なぜなら高田先生の周りには、磁石に引き寄せられるみたいにたくさん人が集まっているから。

みんな高田先生が大好きで、何より高田先生に見いだされた才能にあふれている。僕も憧れる気持ちは負けてないつもりでいて、やはり先生に引き寄せられてある程度まで近づくけれど、ギリギリのところでピタリと磁界が安定する距離が不思議とあるんです。

そこで今回は憧れの人との距離感の話です。

「引かれてナンボの距離感」を語っていた僕ですが、さすがに距離を詰められないタイプの人がいます。それは〝粋〟で〝洗練〟されている人です。高田先生はこれに〝面白い〟

が加わるので完璧にアウト。こういうタイプの人には僕は近づきません。代わりに、ある方法を取ります。

それが〝エア鞄持ち〟です。

鞄持ちというのは、師匠に同行し、雑務やサポートを通じて学びや信頼を得ることです。なので、〝エア鞄持ち〟とは直接会うことができない憧れの人をイメージし、鞄持ちをしているかのように行動を模倣したり、その人ならどう考えるかを想像することで、学びや成長につなげる空想法。僕が考えたオリジナルの方法です。

例えば「ビバリー昼ズ」を聴くのはもちろん、高田先生の本を読む。さらにはニッポン放送に来る前の自宅の行動を想像し、今朝のワイドショーやスポーツニュースからどんな話題を拾うか、どう解釈してどうネタにするかなどを想像する。**単なる空想ではなく、特定の人の行動や思考をモデルに自分を成長させるための実践的な方法**です。

ゲストをお迎えするときにも使います。これにより、直接会うことができなくてもその人の考えや話したいことを自分の中に取り入れることが、ある程度可能になるんです。

このエア鞄持ち、メリットは嫌われることもないし、嫌いになることもない。僕は絶対に「違うんだよな」って高田先生に言われてしまうので、近くなり過ぎると嫌われるかもしれない。僕は「発想や人脈づくりは学びたいが、僕は、粋で洗練は捨ててるんです」って反論しそうになるかもしれない。そんなリスクを回避できるエア鞄持ちは最高なんです。

さて、若いADくんに説明した最強の総合格闘家という例えについて。

①自分が誰よりも面白いのに裏方からスタートしているように人が好き（放送作家という仕事は自分の考えたネタで人が手柄を取ることを喜びとする心優しい人たち）

②お笑いに人生をささげているから若手へのバックアップがすごい

③そのくせ自分が応援して羽ばたいた芸人に一切恩着せがましくしない

④いまだにエンタメを見るために足を使う

⑤人脈の広さが半端なく人をどんどんつなげる

そういったものを総合格闘家のスキル表示のように五角形のレーダーチャートにしてみると日本で一番デカい可能性がある。それが高田文夫先生です。

高田先生が倒れられたとき、ニッポン放送は番組を終わらせることなく、ずっと待ち続けました。このときの経営陣の判断は素晴らしかったと思う（お前が言うな！）。

「ビートたけしのオールナイトニッポン」からずっとニッポン放送を支え続けていて、その歴史の長さや、影響を与えたお笑い芸人、タレント、パーソナリティを考えると、**高田先生は、ニッポン放送の「心臓」のように思います。**どんどん新しい血を送り続けている。他の部位は代えられても心臓は代えられません。だから、高田先生が復帰するのを信じて待ったんだと思います。くしくも高田先生のご病気はご自身の心臓だったんですけどね。いつまでもお元気で、末長くニッポン放送の心臓でい続けてください。

僕もできる限り長屋の隣（最近、真隣ではなくなりましたが）にいさせていただけるように頑張ります。

THINKING METHOD

エア鞄もちは
絶対に会うことができない人にも有効。
故人の鞄持ちだってできる！

02

アーティスト

和田アキ子

カッキーは親戚の子。気づけばそばにいた

「ゴッドアフタヌーン アッコのいいかげんに1000回」で23年間、タッグを組んでいる和田アキ子さん。生中継に大遅刻するという最悪の初対面から始まった関係がどう変化していったのか…。先輩だからこその愛たっぷりのお話を伺いました。

怒るのがバカらしくなるほど朴《ぼく》訥《とつ》としていて憎めない

――〝初対面で大遅刻をしてきた垣花さんを和田アキ子さんが怒った〟という話を垣花さんがよくネタにしていますが、その当時のことは覚えていますか？

和田　正直、印象にないんですよ。生放送に遅刻してきて土下座したカッキーに、私が「気にしなくていいから。もう会うこともないし」と言ったらしいんですが…。でも私は遅刻が大嫌い。どんな理由でも許せないですし、その上、生放送に間に合わないなんて…。あり得ないですよ。今、思うとイヤなヤツですね(笑)。でもそんな彼と今も一緒に番組をやっているわけで。何かすごい縁だと思います。

――その後、「アッコのいいかげんに1000回」の中継リポーターになり今ではアシスタント。かなりのサクセスストーリーのように思えますが…。

和田　中継もヒドいもんでしたよ(笑)。ミネラルウオーターがはやったときに、「味の違いを教えてください」って言ったら、「おいしいです」しか言わないんですよ。こりゃダメだって。でも、何か朴訥としていて憎めない。こっちが怒るのがバカらしくなるほどおおらかさがある、かわいいヤツという印象です。

――どんどん印象が良くなっていったんですね。

和田　そんなことはないです。何なら今でも疑心暗鬼で、「コイツと何で続いているんやろ?」と思っているくらいです(笑)。でも、どんどん活躍の場を増やして自分がメインの番組をやるようになり、楽しそうでいいなと思って、いつも見ています。

――垣花さんの成長を一番身近で見守ってきたのはアッコさんだと思うのですが…。

和田　そうだと思います。最近は貫禄が出てきたように思います。よく仕事が大好きで、「今が楽しくてしょうがない」と言っていますが、そんな幸せなことない。素晴らしいですよ。

フリーへの気持ちは固かった お金より仕事第一

――ニッポン放送を辞めてホリプロに入りましたが、それを聞いたときはいかがでしたか?

和田　私は辞めることをすごく反

和田アキ子
Akiko Wada

1950年生まれ、大阪府出身。「あの鐘を鳴らすのはあなた」などヒット曲多数。歌はもちろんバラエティー番組でも活躍対したんですよ。2年我慢したら退職金がプラスになって入ってくると聞いたので、2年間、いろんなパイプをつくってから辞めても遅くないんじゃないって言って。けど意志は固かった。お金より仕事第一って。真面目だと思いますね。ホリプロに関しては、番組もずっとやってきたし、私のスタッフとも仲がいいのできっと相談してきたんだと思います。まぁ私は、「給料は安いし良くないよ」って言ったんですけど(笑)。

——局のアナウンサーから事務所の後輩になって、アッコさんとしては何か変わりましたか?

和田　変わった感じはしないです。何かカッキーが最初の頃はいつもと違ったみたいなことを言っていましたが、そんなことはなかったはず。唯一変わったことは、ゲストが来られたときにSNS用に写真を撮るのですが、そこにカッキーも呼ぶようにしているくらいです。少しでも顔を覚えてもらえたらいいなと。最初の頃は遠慮していましたが、最近では私が忘れると恨めしそうな目をして見ていて(笑)。そういうところが、カッキーらしいです。

カッキーは後輩ではなく 遠い親戚の気になる子

——宮古島にある垣花さんの実家に行ったとのことですが…。

和田　三線や琉球音楽に興味があったので宮古島に一度行ってみたいと言ったら、「僕も休みを取ります」って言ってきて。それではとめいっ子と行きましたが、もう珍道中過ぎて(笑)。ホテルに泊まったけど、私の中ではカッキーが招待してくれたと思っているから、勝手に夕食を実家で食べると思っていたんですよ。そしたら夕

方5時くらいになっても外をウロウロしていて。「君ん家どうなってんの？　そろそろ行く？」と聞いたら、「そんなアイデアはなかったです」と言ってきたときはびっくりしました。なら一言ちょうだいよって。最終的にすることないからパチンコして、民放が1局しかないテレビを見ていました。宮古島は海もキレイでホテルもすてきだけど、カッキーのアテンドは全然ダメでした（笑）。

——アッコさんといえば、出川哲朗さんや松村邦洋さんをはじめとした仲のいい後輩の方たちがいますが、垣花さんは皆さんとはまた違った関係なのでしょうか？

和田　全然違います。出川や勝俣（州和）、松村、カンニング竹山とは〝バカ5きょうだい〟なんて言っていて、私が長女だから彼らは家族みたいなものです。で、カッキーは親戚の子。母方か父方か分からんけど、気づけばいたみたいな。でも、悩み事ができたら相談できたり、何か疑問が出てきたら教えてくれるし、そういう意味では頼りにしています。あと、私の歌をすごく愛してくれたり、嫌みではなく自然に私のことを気に掛けてくれているのは感じていて。その思いはうれしいです。

地上波のテレビで活躍する姿も見てみたい

——今後の垣花さんに期待することはありますか？

和田　このままでいてほしい。それと、これは私が言うことでもないのかもしれないですが、一度でいいから全国区のテレビの世界を見てもらいたいです。

——フリーになったことで、ラジオだけではなくテレビへと活躍の場を広げているので、あり得なくない話ですね。

和田　テレビの全国区の地上波はまた違うと思うんですよ。私、後輩によく言うのですが、ホテルに泊まる余裕があるのなら、格安のホテルの高い部屋ではなく、一流のホテルの安い部屋に泊まれと。やはりそのジャンルのトップを味わってみるのは人生経験でかなり大事なことだと思います。なので、カッキーにも一度そっちの世界も味わって、少しもまれてみるのもいいのかなと。収入はガクッと下がるかもしれないけど、勉強にはなるとは思います。

——〝かわいい子には旅をさせよ〟の心境ですね。

和田　そんなもんじゃないです（笑）。けど、いいヤツだし雑学も知っているし、遅咲きだけど「こんなちゃんとしゃべれる人いないよね」と思われたらいいなって。彼の生き方次第ではきっといろんな未来があると思うんで。頑張ってほしいです。

——それを身近で見届けていくということですか？

和田　いや、勝手に生きてほしい。私、遠い親戚なんで（笑）。でも、このまま楽しくやっていきたいという思いはあります。80代と60代になってもラジオをやっていたらおもろいなって。そのときは朝の5時からの番組になってるかもしれないですが。そんな未来も楽しみにしています。

KAKIHANA'S VOICE

「気づけばそばにいた」は最高の褒め言葉です。アッコさんは本当にファミリーを大事にする愛情深い人。それは多分、兄弟だろうがハトコだろうが変わらないはずです。でしたら、遠い親戚の方がありがたい…かな？　引っ張れば戻ろうとするパンツのゴムみたいに、つかず離れずの関係でいさせてください！

ON AIR

Chapter03

励ましを受けた出会い

一緒に戦って助けてくれる人たちがたくさんいます
皆さんの言葉に励まされたから今の僕がある

119-164

Chapter03/13

「欲しがり怪獣」と見つけた大切なもの。それが「あなたとハッピー！」

meets 森永卓郎

「あ、どもどぉも。サインください」

背後から声を掛けられました。その声の主はまだ丸く肥えていた頃の森永卓郎さんです。

「ぐへへへへ」と笑っています。**独特の四角い顔が間近に迫っていました。**既に手にはペンと名刺を持っています。

「この人、確か『高嶋ひでたけのお早よう！中年探偵団』（ニッポン放送、'85〜'04年）という番組のコメンテーターの人だ」

名前も言わずず目的を果たすためだけに近寄ってくる感じは、ポケモンの珍しいキャラクターを見つけた子どものようでした。

「あの、なぜ、僕のサインを?」と素朴に聞くと、

「ニッポン放送のアナウンサー全員のサインを揃えたいんで。ぐへへへ」

と、僕自身に興味がないことをしれっと伝えられて、鈍感な僕とはいえ、微妙に失礼な印象を受けました。でも本人は全くそれに気づいていないようです。

「悪い人という感じはしない」と思うと同時に「この人はヘンな人だ」と理解しました。

スタジオに帰っていくズボンからシャツがはみ出た後ろ姿を見たときは、このオジサンとまさかこんなに長いお付き合いになるとは…。思ってもみませんでした。


「森永卓郎って知ってる?」と新番組「垣花正のニュースわかんない!?」のプロデューサーから聞かれたとき、ピンときませんでした。

「変わったコメンテーターだよ、〃中探〃の…」

その一言で「ぐへへへ」と笑っていたあの人だとすぐに分かりました。

「あの人が毎日、お前の相手をするんだよ」

「ニュースわかんない!?」は番組のタイトル通り、僕はニュースの知識のないおバカなパーソナリティで、森永さんがどんなニュースも解説してくれる人というコンセプトでスター

トしました。

スタジオでとにかく緊張している僕に**「僕は緊張したことないんですよ、ぐへへ」**とニッコリ笑い、「でも久米宏さんに言われちゃいました。『緊張しないやつは成長しない』と。ぐへへへ」と伝えてくる。

その後、何万回と聞かされる持ちネタの一つですが、当時の僕には久米宏さんというビッグネームの与えるインパクトは抜群でした。

「この人は『ニュースステーション』（テレビ朝日系、'85〜'04年）という日本を代表する番組のコメンテーターなんだ！」と僕の意識に刷り込んでくる。

ただ、最初こそ肩書に萎縮しかけましたが、何回か共演すると無知な僕を叱るわけでも、バカにした目で見るわけでもない人なんだと分かり、ほっとしたのを覚えています。

「緊張したことがない」はどうやら本当らしく、スタジオに森永さんがいると不思議と自分も緊張しなくなっていくのが分かりました。

この人と組むと緊張しないで放送できる。

最初はそれだけで僕にとっては本当に助かる存在でした。さらに助かったのはモリタク（森永卓郎さんの愛称）さんのその明るさでした。最初の聴取率調査で、驚くほど数字を下げてしまいます。スタッフが顔面蒼白《そうはく》の中、モリタクさん一人だけ、**「小さく産んで大きく育てる」**と笑ってくれたのでした。

しかし残念ながら「ニュースわかんない⁉」は、その言葉のようには大きく育たず、1年で最終回を迎えます。するとモリタクさんは急に「最終回はカッキーのために歌を歌ってねぎらってあげよう」と言いだしました。

今振り返ると、単に歌いたいだけの性格に当時のスタッフもまだ気づいていません。

「ギターありますかぁ？　それで大丈夫でーす。ぐへへ」

まだピュアだった僕は、モリタクさんが弾き語りした吉田拓郎さんの「人間なんて」で号泣します。今となっては消したい過去の一つです。

「ニュースわかんない⁉」を終えた僕たちは、それぞれ別の時間帯へ移動します。森永卓郎さんは「森永卓郎の朝はモリタク！もりだくＳＵＮ」（ニッポン放送、'04〜'05年）という番組へ。僕は僕で「ＨＯＴ'n ＨＯＴ お気に入りに追加！・」（ニッポン放送、'04〜'05年）という夜の番組へ。

しかしこの朝6時からの番組と、夜10時からの番組は2つとも、見事に聴取率が振るわない。そこでニッポン放送は苦肉の策として、僕を聴取率調査の一週間だけ、モリタクさんのパートナーとして、「朝はモリタク!」に投入するのでした。

僕としてはこのコンビを評価するなら「なぜ、『ニュースわかんない⁉』を終わらせたんだ」という納得できない悔しさが湧き上がります。その悔しさを番組にぶつけました。その一週間はやりたい放題。「どうせまたすぐに終わらせるんだろ」という会社への怒りをエネルギーに、モリタクさんにツッコミまくりました。パーソナリティになるとどこかおとなしかったモリタクさんも開き直って、実に伸び伸びとしています。

僕の中で、森永卓郎という人がどんな状況でも思いっ切りバットを振り抜く〝モリタク〟というキャラクターになった瞬間がこのときでした。

モリタクさんはよく、「自分がむちゃくちゃすればするほど、カッキーが輝く」と発言しますが、この一週間は**僕たちのコンビネーションの形成においては特別な一週間**で、聴取率も爆伸びしたのでした。

この頃からモリタクさんという人のスペックがよく理解できるようになりました。

①難しいことを分かりやすく説明する能力が抜群であること
②世の不公平や不正には断固として物申したいこと
③しかし、それは単なる嫉妬に姿を変え、イケメンや金持ちに対する異様な対抗心として時に表出すること
④基本的には何を言っても打ち返すことができるため（レベルは別にして）、いつまでもボケていられること
⑤エピソードの記憶の引き出しが無数にあるのだが、多過ぎて適切な引き出しが開くとは限らないこと
⑥とにかく歌いたがること
そしてもう一つ付け加えるなら
⑦悪ノリが好きで、かつ権力者が嫌いなので、会社の上層部に嫌われるため、番組の人気があっても、番組が打ち切られること

「朝はモリタク！」をリニューアルし、その後番組として始めて人気番組となった「森永卓郎と垣花正の朝はニッポン一番ノリ！」（ニッポン放送、'06～'07年）ですが、人気がうな

ぎ上りのさなか、1年半で終わることになります。打ち切りは寝耳に水でした。

生放送中の午前8時に僕ら2人は毎日、ニッポン放送玄関前に立ちました。毎日、リスナーが何人かいらっしゃいます。

「いつも楽しく聴いていたのですが、転勤で聴けなくなるから最後に会いに来ました」

そんな方もいました。生活の一部にしてくださっている方がたくさんいることを実感できる楽しい時間でした。

最終日の2007年9月28日。

玄関前に終了を惜しむリスナーが車道にあふれるほど殺到しました。本当に愛された番組をやれた喜びを味わうことができた瞬間でした。

それから4年。

モリタクさんは（本人の言い方によると）ニッポン放送から干され、僕は「あなたとハッピー！」で、もがく毎日を過ごします。「あなたとハッピー！」をリニューアルしなくてはという話が出始めた頃、僕とモリタクさんは偶然、東京駅の中央線の車内で再会します。

ヨレヨレのスーツに、大きな鞄を2つ肩にかけて、紙袋も持っています。

いつものシルエット。

今度は僕の方がポケモンのレアキャラを見つけた子どものように駆け寄る番でした。

「モリタクさん、久しぶりです」

「ども。どぉも」

「また一緒に番組をやりませんか?」

「やりたいですね! ぐへへへ」


この日から、今の「あなたとハッピー!」がスタートしたと言っても過言ではありません。'11年から森永卓郎さんと中瀬ゆかりさんが加わり、状況が好転し始めました。程なくして、いつもニッポン放送を聴いてくださっていた故・大瀧詠一さんから「垣花くん、もう番組は大丈夫だよ」といううれしいコメントを頂きました。大瀧さんの予言通り、「あなたとハッピー!」は聴取率調査でトップをいただけるようになっていきます。ついには東京国際フォーラム ホールAで番組イベントができるまでに。

それに伴い、モリタクさんとリスナーの関係はどんどん複雑になっていきます。

「歌うんじゃねーぞ、モリタク」

そう言いながら、モリタクさんの歌を聴くために（だけではないが）4000人もの人が集まりました。モリタクさんの中では、モリタクさんと僕のユニット「ホワイトバタフライズ」のコンサートに4000人集ったことに事実がすり替わっています。本当に前向きで陽気なオジサンです
だからこそ、'23年末にモリタクさんのがんが分かったときは、正直、驚き、動揺しました。でも悪運の強いモリタクさんのこと。きっとなんとかなると信じて、冷静に、できるだけのサポートをする決意を瞬時に固めました。

「抗がん剤治療を受けることにしました！　これはギャンブルです！」

努めて明るく振る舞いスタジオを後にしたモリタクさんからピタリと全く連絡が来なくなったときの息苦しさを、昨日のことのように覚えています。

3日後、**「もしかしたらダメかもしれない」という初めて見た弱気なメッセージ。**

病院にお見舞いに行ったとき、最後にこれだけは言いたいんだと、小さな病室にパソコンを持ち込んで書いていた姿。本当に最後の最後の命を燃やしているように見えました。

覚悟を決めなくてはいけない、そうやって自分に言い聞かせました。

ところが、です！

「モリタクさん、身体どうですか？」

「絶好調でーす。ぐへへへへ」

これが今の「あなたとハッピー！」の毎朝、交わされるお決まりのやりとりです。

モリタクさんは、やはり本当に悪運の強い男でした。

「素晴らしい薬、治療法と出会い、体調はV字回復でーす、ぐへへへへ」

「サクラは見られないかもしれない」から花見をし、異様なほどおなかを膨らませていた腹水は消え、体重の減少は止まり、最近は顔色もいい。

リスナーからは**「死ぬ死ぬ詐欺」**とののしられる。そのくせ「そんな詐欺なら大歓迎だ！」と応援される。ますます「あなたとハッピー！」のリスナーとモリタクさんの関係は複雑になっていくのでした。

モリタクさんは「最後にこれだけは言いたいこと」が山ほどあるらしく、（踏み込んだ内容の）著書の出版ラッシュが続き、今やすっかりベストセラー作家の仲間入り。

「もうすぐ死ぬという最強カードを僕は手に入れたんでーす。ぐへへへへ」

と笑っています。

自分で言うか?とあきれますが、あきれられてるくらいがこのおじさんの平常運転です。薬や治療法が素晴らしいのはもちろん、一番モリタクさんの身体を支えているのは、〃まだまだしゃべるぜ、まだまだ書くぜ、まだまだ歌うぜ、まだまだモノを集めるぜ〃というモチベーションでしょうか。

モリタクさんと出会ってから今までを振り返ってみれば、いつも、人からサインをねだり、歌わせろとねだり、ボケたんだから突っ込みなさいよとねだり、何でもかんでも欲しがる「欲しがり怪獣」ということが分かります。

そして欲しがる気持ちこそが、モリタクさんの病気と戦う気持ちだったり、何かの壁を打ち破るエネルギーになっていたりします。ましてや、その発想は常識離れしています。

普通じゃないから面白い。今、欲しがり怪獣が一番欲しがっているのが、我々のユニット「ホワイトバタフライズ」で出場する紅白歌合戦の切符です。

もちろん紅白を欲しがること自体が普通じゃないのは分かっています。でも相手は怪獣なんです。普通じゃつまんないと思って生きてる怪獣です。そこをみんなが一緒に面白がるのが「あなたとハッピー!」という番組なんです。

'24年11月に「あなたとハッピー！」に沖縄の母娘2組による家族バンド「ゆいがーる」がゲストでいらっしゃいました。

予定にはなかったのですが、モリタクさんが宮古島で聴いてすっかり気に入った「童神」を4人と歌いたいと言いだし、急きょ、歌うことになりました。

4人に支えてもらったとはいえ、モリタクさんの声はやはり邪魔だったはず。しかし番組には「泣きました」「涙が止まらない」というメールが殺到しました。

私は言いたい！（モリタク風）あんたらダマされてるぞ！

「ニュースわかんない!?」の最終回で泣いた僕が言うのもなんだけど。

THINKING METHOD

欲しがる気持ちが燃料になる。壁を打ち破るのはいつも普通じゃない発想

Chapter03/14

「この人のアドバイスだけは全部受け入れる」そういう人を一人だけはつくっておく

meets 岩下尚史

「垣花さん、このアドバイスどう思いますか」

後輩からアドバイスについてアドバイスを求められることがあります。

アナウンサーの場合、自分がした仕事内容について「あれは良かった」と言われたかと思うと、全く同じ部分を「もっとこうすべきだった」と言う人も出てきたりすることがあります。なので「アドバイスを言葉通り受け止めた方がいいですか」と確認しているわけです。

アドバイスはありがたいものです。だけど案外、アドバイスで人を無意識のうちに傷つけてる人もいる。僕は「自分はできる」前提でアドバイスする人のアドバイスは話半分で大丈夫と後輩には言っています。自己顕示欲が根っこにある人のアドバイスは「オレはできるよ」ということを言いたいだけのことがあるから。

さらに挫折の体験がある人と、挫折をこじらせている人は違うよとか、自分はしゃべろうと思えばそこそこしゃべれると思っているディレクターには気をつけて、などの細かいマニュアルがあります。

細かいマニュアルはやはり自分で作っていくしかないので、それこそアドバイスし過ぎないようにしていますが、一つだけ言えるのは、

「この人のアドバイスだけは全部受け入れる」

という人を一人だけでいいからつくっておくこと。

僕にとってそれは岩下尚史さんです。

'21年からMCを努めている「5時に夢中!」のパートナーが大橋未歩アナウンサーから大島由香里アナウンサーに代わるタイミングがありました。

「5時夢」のスタッフからは、「垣花さんと大島さん、同じ立ち位置のダブルMCでいきた

い」と打診を受けました。

ふかわりょうさんから受け継いで2年。すんなり視聴者の方に受け入れてもらえたかというえばそうもいかず、というのは正直なところでした。僕は「コンビのような感覚で、2人でできるのはありがたい」と受け取りました。

ただ、この話を聞いて心配してくれたのが岩下さんです。「垣花さん、ちょっといい?」と人払いをして会議室に2人。「あなた、本音ではどう思っているの?」と岩下さん。

「私はね、スタッフに言ったの。『垣花さんの視聴者への見え方を考えたのか』と。そして何よりあなたのプライドをすごく心配した」

僕は本当に心配してもらえていることを実感し、感謝の言葉を伝えました。そして実は僕、視聴者にどう見えるかは気にしていません。正直、僕のプライドなど自分でどうでもいいと思っています。そんな思いを素直に岩下さんに伝えました。そして、「僕は面白いことを言う自信がありません」と。

面白いことを自分から発信して、ボケたりすることはできないし、ツッコミみたいなワードで遊ぶことに関して全く自信がない。そのことを素直に打ち明けました。

それに対して岩下さんは、そんなことは気にしなくていいので、

「聞き上手でいなさい」

と言ってくれました。

このアドバイスは今でも僕の宝物。MCをする上で一番大事にしています。

ちなみに岩下さんは「あなたとハッピー！」に出演してくれていたときを振り返り、「アンタ無礼な人間だったわよ」と今でも言われます。

このアドバイスは当時、直接言われなかったってことは、今の方がだいぶマシになっていると受け止めています！

では「この人のアドバイスだけは全部聞く」という人はどう見分けるか。

自分のことをちゃんと見てくれているかどうかが一番のバロメーターです。岩下さんは毎朝「あなたとハッピー！」を全部聴いてくださっています。なんとなく聴いているんじゃないことは会話をしていて分かります。細かいところまで全部聴いている。その時間に起きてリアルタイムで聴くことの大変さ。タイパを重視してショートカットやダイジェスト

で済まそう、じゃないんです。

その上でいつも、「アンタとモリタクは本当に、ひどいっ」と言われてしまいます。でもその話し方にもちゃんと濃淡があります。そのバランスが絶妙です。

本当に変えた方がいいと思っているのか、まだ大丈夫だけどそろそろバランスを取りなさいよ、なのか。時々褒めてくださるときもあります。そういうニュアンスも分けて伝えてくれる人だから全部聞けるんです。

ちなみに'24年は体重を12キロ落とすことに成功した年でした。これも岩下さんに体重を落とした方がいいとアドバイスをもらったからです。

「バラいろダンディ」（TOKYO MX、'14～'24年）から「5時夢」のMCになって、うまくいっていたとはとても言えなかったけど、岩下さんが番組内でネットに書いてある評判をシャレっぽくしてくださったことは本当にありがたかったです。

そして岩下さんと共にありがたかったのが、誕生日などのカードに熱い励ましのメッセージを書いてくださった北斗晶さん。今回のテーマはアドバイスですが、北斗さんはアドバイスをするタイプではありません。

アドバイスではなく、応援してくださる人。北斗さんの手書きのメッセージには、僕が一番弱気になっている部分（気持ちの傷口）に向けて、手当てをするような言葉が並んでいます。そこに対するケアができる人はいつも気に掛けて見てくれている人です。北斗さんはそれをナチュラルにされます。横浜市長だった林文子さんや榊原郁恵さん、うつみ宮土理さんもいつも優しい言葉をくださります。

応援してくださる人を自分の中で大切に思っていると、自分の気持ちが風邪を引きそうになったときに、見えない人垣になって、体を温めてくれたりします。

この応援してくださる人の存在も大切。そんな人を周りに見つけたら、離さずについていくこと。これが一番大切な気がします。

THINKING METHOD

耳を貸すべき人は自分をしっかり見てくれる人

Chapter03 / 15

大人だって間違っていい。かっこつけないかっこよさを教えてくれた

meets 砂川道雄

先生という職業が魅力的に見えない時代だそうです。子どもにとっては、自分の親以外で、一番接する時間が長いのが先生です。

そんな先生が尊敬されない時代。なんて不幸な時代なんだろうか。先生だけでなく、子どもたちにとって一番不幸なことです。

今の先生は保護者や生徒からいろんな要求を受けながら疲弊してしまい、その人本来の魅力をそぎ落とされていく。

やがて子どもたちは先生を斜めに見ることを当たり前だと思うようになっていく。**すてきな先生に出会うことなく大人になっていくのがどれだけもったいないことか。**先生をバ

カにしていいのは高橋洋一さんみたいに、たまたまずば抜けた知能を持って生まれた子どもか、マツコ・デラックスさんのように物事に対して深い洞察をすることができるほんの一握りの才能がある人だけだと思います。

もちろん闇雲に全ての先生を尊敬しなさいと言うつもりは毛頭ないです。

しかし、ずば抜けた才能もないのに先生を斜めに見る癖だけ基本装備として自分の中にインストールして大人になってしまうことの恐ろしさをここでは書こうと思います。

ドラマ「熱中時代」(日本テレビ系、'78〜'79年)が大好きでした。この時代、先生は子どもたちの憧れの存在でした。しかし今では憧れの先生が主人公のドラマも減りました。これだけ先生が大変な仕事だと言われていて、教職を希望する学生が減っているのだからある意味、仕方がないかもしれません。

僕には何人も大好きな先生がいます。過去形ではないのは、今でもその先生たちは僕の中でしっかり生きているからです。

それを僕は「添え木」と呼んでいます。

植物が真っすぐ育つための支えになる木。あるいは骨折したときに支えてくれる器具。

文字通り、先生のかけてくれた言葉や大好きな先生の存在が、自分の気持ちがポッキリ折れてしまったときに、立ち直るまで支えてくれたことがたくさんあります。

とりわけ大好きだった先生。それは小学5年生の担任だった砂川道雄先生。ドラマ「熱中時代」で水谷豊さんが演じた北野広大先生が50代になったらこんな感じだったんじゃないか、そう思わせる道雄先生との最初の出会いはインパクトのある言葉から始まりました。

「僕は立派な大人でも聖人君子でもない。先生という言葉は先に生まれた、と書くね。僕はあなたたちより先に生まれただけの人というわけだ。だから頭ごなしに先生の言う通りやる必要はない。その代わり自分で考えなさい。先生も自分で考えて正しいと信じたことを皆さんに教えます。できるだけ優しく教えますが、納得いかないときは皆さんを殴るかもしらんね。皆さんも殴られて納得いかなかったら親に言いなさい。親に言って先生をクビにしなさい。先生はクビになることは全然怖くない。むしろ清清するかもしらん。クビになるのも覚悟で、君たちに接するということだ」

新学期スタートの日。5年1組の生徒を前に道雄先生はこう言いました。**大人の本気のスピーチを聞きました。**

この日から僕は道雄先生を大好きになりました。ちょうど4年生から視力が落ち近眼になってきたこともあり、先生に頼んで席を一番前にしてもらいました。毎日毎日、道雄先生の授業を食い入るように聞きました。

何度も書いたように、民放が映らない島でしたから、さほど夢中になる芸能人もいない。もしかしたら道雄先生は僕にとっての最初の芸能人的な憧れ。今で言う初めての〝推し〟だったのかもしれません。

道雄先生は別段、僕に特別優しくすることもありませんでした。そこもプロでした。やはり成績は目に見えて上がりました。クラスで中くらいだった成績は、国語・算数・理科・社会と5が並ぶようになりました。しかし一学期の図工は2。元々手先が不器用だったのに加え、道雄先生には「雑だな、丁寧に落ち着いてやりなさいよ」と言われ続けました。しかし三学期の通知表を見て驚きます。予想に反して図工に5がついていたのです。備考欄には、道雄先生から、「物事を諦めずに最後まで粘り強くやれるようになりました」とメッセージがありました。

次の年、道雄先生の転勤が決まりました。僕は道雄先生に従って児童会長になっていたので全生徒の前で転勤する先生方にお礼のごあいさつをすることになりました。

もう予想がつくかもしれません。

僕は壇上で「道雄先生」という言葉を口にした瞬間から、涙が止まらなくなりました。マイクはただただおえつの声を拾い続けました。道雄先生は決まり悪そうにしただけで、「ありがとう」ともおっしゃいませんでした。そんなところがまたダンディーでした。

時は流れて、早稲田大学への進学が決まって、宮古島を離れる日。唐突に道雄先生に会ってから東京に行きたいと思いました。道雄先生の迷惑も顧みず、当日連絡し、ご自宅に伺います。道雄先生は庭で水やりをしていました。

「先生に出会えたおかげで早稲田大学に行けることになりました。ありがとうございました」と告げると先生は表情を変えずに「それは違う。君が頑張っただけだ。東京でも頑張りなさい」と一言くださいました。

先生という職業は人の人生を変えることができる仕事です。僕は今でも道雄先生にもらった添え木を大切にして生きています。そして実は道雄先生の授業を受けるスタイルが僕のアナウンサーのスタイルです。森永卓郎さん、高橋洋一さんしかり、僕の根っこは生徒です。

常に人から何かを教えてもらうことを喜びとしています。だから、**知らないということが全く恥ずかしくない。教えてもらえる幸せを知っているから。**

また、大人だろうと誰だろうと間違えたって構わないことも魅力的な先生たちは教えてくれました。今の若い子は自分の行動が相手にどう思われるかを異常なくらい気にします。それは先生や周りの大人を斜めに見てきた過去の自分の言動が、ブーメランで返ってきて自分を苦しめているように僕には見えてしょうがありません。

世の中に何が正しいと決まったものはない。

自分で考えて自分で決めなさい。道雄先生のようなダンディーな大人にはなれないが、僕も僕なりの独自の道を歩んでいるのは確かです。

THINKING METHOD

教えてもらえる幸せを知ること。自分を支えてくれる「添え木」を持つこと

Chapter03 16

挑戦の扉は先達の言葉で開かれる

meets 高嶋ひでたけ

9月の横浜スタジアムの夕焼けは、季節の移ろいを映し出します。西の空にはまだ柔らかい光が残っていて、ベイスターズがジャイアンツに先制されたことなど気にならないくらいに、心地よい風が吹いていました。オレンジ色の空が濃紺に変わり、球場のY字の形をした照明がバッターボックスのロペスをくっきりと照らし出していたとき、ふいに横に座る高嶋ひでたけさんが口を開き、**「垣花くんはフリーにならないの？」**と聞きました。

唐突な言葉に僕は面食らい、質問に質問で返します。あれほど欽ちゃんに「質問で返しちゃダメ」と言われていたのに。

「えっ、高嶋さん、ぶっちゃけ、僕はフリーになって、やれると思いますか?」

高嶋さんは何げなく聞いたのかもしれない。しかし僕のトーンはかなり真剣な響きになってしまっていました。

僕の質問に対する高嶋さんの答えの前に、高嶋さんについてご説明します。

高嶋ひでたけさんといえば、ニッポン放送出身のフリーアナウンサーの大先輩です。スポーツアナウンサーからスタートし、「高嶋ひでたけのオールナイトニッポン」('69〜'72年)で人気DJとなった後は、「大入りダイヤルまだ宵の口」('75〜'79年)で夜ワイドを開拓し、「高嶋ひでたけのお早よう!中年探偵団」は長寿番組で19年間、「高嶋ひでたけのあさラジ!」(全てニッポン放送、'10〜'18年)は8年間担当するなど、質、量、さらに、聴取率でも結果を出し続け、かつ、今なお現役。

簡単に言えば、ラジオ界のレジェンドであり鉄人です。

そんな高嶋さんに前出の言葉をかけられたのは、2015年9月4日。日付もよく覚えているのは、この日、高嶋さんにこの言葉を言われたからフリーになる道を真剣に考え始めたからです。言われなければ、多分僕はフリーになることはなかったと思うから。

この日、「あさラジ！」と「あなたとハッピー！」のリスナーを横浜スタジアムにご招待する〃ナイター観戦会〃が実施されていました。高嶋さんとは隣り合わせの席で、ベイスターズとジャイアンツの試合は序盤から点の取り合いになりそうな雰囲気。

「ぶっちゃけ、僕はフリーになってやれると思いますか？」の高嶋さんの答えは、**「君なら三振はしないよ**」でした。「ホームランかどうかは分からない。シングルヒットかもしれない。でも僕が今の君ならフリーになる」と。


振り返れば、フリーになるという考えが一瞬よぎることはあっても、真剣に考えたことはほとんどありませんでした。そんな中、高嶋さんはよく響く声で「バッターボックスに立ちなさい」とアドバイスをしてくれました。

ホームランが5本も飛び出す乱打戦だったこともあり、何だか自分が打ちまくる姿を想像して、やれそうな気になり帰路に就きます。

つくづく単純な人間なんです。

帰りの電車で頭をよぎるのは、僕が新入社員のときの人事担当の兵頭頼明さんの顔（Mr.

ビーンを演じていないときのローワン・アトキンソン似)。人事部を離れて、違う部署に異動になっても、何かと気にかけてくれました。僕がスケジュールを勘違いし、安室奈美恵さんのゲスト収録をすっぽかすという大事件を起こして謹慎を食らったときも、「お前みたいな珍獣を養えなくなったら、ウチもいよいよやばいってことだよ」と笑ってくれた人です。数々のやらかしをした僕を、クビにしないで置いていてくれたニッポン放送を辞めてフリーになる? バッターボックス?

僕が参加できるのは、あくまでラジオを中心とした形で戦えるゲームです。つまりニッポン放送を拠点にフリーになる以外の道はありません。

考えてみたら、高嶋さんは「中年探偵団」開始時は社員で、番組を続けながらフリーになった人。社員としてもフリーの立場でもニッポン放送と向き合ってきた先駆者です。高嶋さんがフリーになった年齢の48歳に僕ももうすぐ差し掛かろうとしていました。改めて思います。**一番、役に立つアドバイスをくれるのは似た境遇を経験した人。**これは間違いない。〝ただし〟と付け加えます。年齢の離れた人からのアドバイスが一番いい。

なぜなら年齢が離れている方が嫉妬やライバル心という感情が入り込まない。僕は同じジャンルで年齢が近い場合、ライバルになるかもしれないやつに本心のアドバイスをするはずがないと思うんです。高嶋さんと僕の年齢は30歳差。高嶋さんのアドバイスには雑味を感じないのでした。

「アドバイスの中に私利私欲が入っているヤツは信用するな」が僕のマニュアルです。

突然、上から偉そうに聞こえたならごめんなさい。僕は数々のやらかしをしてきました。**たくさんたくさん叱られてきた、叱られるプロなんです。**たくさんの叱責とアドバイスをもらってきて分かることがあります。私利私欲がアドバイスに入っているとはどういうことか？　分かりやすい例えで言えば「**人格否定を含む叱り方をするヤツ**」です。

相手の自尊心を傷つけようというベクトルがその人に垣間見えたら、自分のメンタルのためにも、耳にシャッターです。聞いてる演技だけを一生懸命やってください。聞かない態度を取って、火に油を注ぎ、さらに激高させるのは時間のムダですから。あ、何より大前提として悪いのは自分だから。

しかし、です。自尊心を傷つけてやりたいヤツの心理はどうなっているでしょう？　相手のメンタルを攻撃することで、自分の心の渇きや飢えを補おうとしているんです。正論で人を否定できるときに、自分の中の、あるいは自分の人生の欠けているものを補おうとしてくる人は案外多い。しかし考えてください。問題はやらかした「結果」にあるわけで、なぜそうなったのか、次どうすればいいかをアドバイスしないと意味がないのに、結果ではなく、相手そのものを攻撃してくるということは、むしろ解決を遠ざけるだけ。意味がないから聞かなくていいんです。

叱られてばかりいるから、叱られる人の気持ちが分かる。叱られたくて叱られたわけではないが、結果的に叱ってくるやつの心理がよく分かるようになりました。

「あなたとハッピー！」のパートナー那須恵理子アナウンサーはかつての上司。那須さんに言われたことがあります。「この人は教えていないことばかりうまくなった」と。

確かに僕がうまくなったテクニックの中には、まともに生きている人には、つまりほとんどの人にとっては、役に立たないテクニックがあります。

それは「金の借り方」です。

身近な人から金を借りるときのテクニックは二つあります。一つは笑ってもらうこと。金に困っている理由が深刻だと相手もつらくなります。笑ってもらえるエピソードを話して笑ってもらって借りるがエチケットです。これは叱られているときにも言えます。ずっと悲壮感ではダメです。どこかあいつアホだな、ってはたから見ている人にはクスッと笑ってもらえるようにする。

実はこれは吉田拓郎さんと仲良くなるきっかけになったテクニックでもあります。ある大御所シンガーの収録がうまくいかず、いったん収録を止められてやり直しせざるを得なくなったことがありました。その絶望的な空気をスタジオの外から見て笑っていた人がいます。それが吉田拓郎さん。僕はその日から拓郎さんにかわいがってもらえるようになったと自覚しています。**せっかくコケるなら誰かには笑ってもらえるようにコケましょう。**

もう一つのテクニックは、「金を貸してくれと言うタイミングは相手の機嫌が最高のときに切り出す」です。

つまり話を切り出すタイミングは前日からシミュレーションするなりしてコントロールするんです。相手のスケジュールを理解し、相手と話せる時間は何分、周りに人がいた方がいいタイプかいない方がいいタイプかなど分析をして切り出すんです。

このテクニックはフリーになりホリプロに所属することになるときに役に立ちました。ホリプロのM部長に「僕がフリーになる、って言ってもホリプロは要らないですよね?」

この質問をするタイミング。M部長の機嫌が最高潮のときに切り出しました。
「え？　カッキー、何言ってんの！　絶対に欲しいよ」と返ってきました。一度、言質を取っておいて、状況を整えたら後日、正攻法でお願いに行くわけです。

さて、高嶋さんに言われバッターボックスに立った僕ですが、一つ高嶋さんの言葉には僕の見落としていた部分がありました。

「君は三振はしない」。しかし野球にはいろんなアウトのパターンがあります。ゴロも、フライも、ゲッツーも。

今は必死にファウルで粘っている、そんな毎日です！

THINKING METHOD

私利私欲が入っているアドバイスには
耳にシャッター。
聞いてる演技だけを一生懸命に！

Chapter03／17

どんな欠点を見せても笑ってくれる。自分を持っている姿に惹かれていった

meets＼西田裕美

「オマエはいいかげんな人間だ」

僕に対して、多くの方が言います。それは全く反論の余地のないことです。

「しかし一番いいかげんな人間は妻です」

と言えば、僕のことを結婚したことでやっとまともに更生したと思っている知り合いから「そんなはずはない」という声が飛んでくるでしょう。

なぜ、一番人生をなめてるのが妻かという説明をします。

出会った当時、妻には**「結婚相手に選ぶはずのない要素」**の全てを見せていました。そ

れに対して至って冷静な女性である妻は、
「こんな人とは関わらないようにしよう」
と警戒していたと言います。

後に妻になる声優の西田裕美さんは「HOT'n HOT お気に入りに追加！」という番組の共演者でした。名乗らず、ナレーターのお姉さんという立ち位置ながらスタジオにいて突っ込んでくれたりする役割。ラジオのブースは個室だから、そこでうまいこと口説いたんだろ、と思われがちですが、僕はそんな甘い状況ではありませんでした。

まず、当時の僕は長く続いた借金生活がいよいよピークに達して破滅寸前でした。また借金の話、と思う人もいるかもしれません。しかしそれは借金の真の苦しみを知らない素人です。一度転がり始めた雪だるまは時間をかけて膨らみ始め、あるタイミングから雪だるまなんてかわいいいものではなくなります。

それは突然、人一人を押しつぶしてしまうほどの巨大な塊になります。自力で止められない化け物に変わります。精神的にしんどくて、とにかく誰かに話して傷を癒やさなくてはならないほどでした。

「もう大手の消費者金融からは借りられないんだよ〜」

と話してみる。ドン引きしていたそうですが、妻は本心をあまり顔に出さないタイプですから、とりあえず聞いてくれています。

「あ、あんまりドン引かない人なんだ」

当時はその程度の認識でした。

借金だけでなく、異性とのプライベートも破綻していました。

番組は夜10時から深夜0時までの生放送でしたが、0時を過ぎた瞬間から携帯電話の着信が始まり、出るまで50回でも100回でも鳴り続ける様子を西田さんは見ていました。これはスタッフにも言えず、スタジオにいて唯一状況がバレている西田さんには、恥ずかしさから、全てを話して、笑ってもらうしかありませんでした。

それでも、「こんな状況でしたが、仕事ぶりは素晴らしかったんです」なら分かるんです。でも僕は、〝仕事も〟できなかったのです。

僕のふがいなさで番組のリニューアルが決まり、彼女だけが降板することになりました。

あまりにも申し訳なく、僕は彼女に謝罪をするために初めて2人で飲みに行きます。しかも自分から誘っておいてお金が足りなくて居酒屋の会計を彼女に頼んでいるんです。意味が分かりますか？ **自分で言うのもなんですが、僕ならこんな人とは二度と会いたくないんです。**

でもなぜか西田さんは僕と結婚してくれた。いや、結婚してくださったのでした。

結婚を決めた理由を何度尋ねても、

「自分でも思い出せない」

「おそらく何かしら気の迷いが生じていた」

と繰り返すのみです。

妻の人生なめっぷりは他にもあります。

僕は高嶋ひでたけさんのところでも書きましたが、心の中でフリーになろうと決めてはいたもののタイミングは計りかねていました。まして当時ニッポン放送には50歳になって早期退職したら退職金がかなり上乗せされる制度がありました。

フリーになるのをあと3年待つべきか否か、要はビビっているんです。そんな僕に対して妻は言いました。

「オマエのキャラは、年齢重ねて得するキャラでもねーだろ」

口調、脚色なしです。吐き捨てるように言うのでした。ウジウジしてないでとっとと決めろと言われた気がしました。その上、僕が50歳になる前にこの制度はなくなり、そして世の中はコロナ禍に突入していきます。つまりこの妻のアドバイスとあのタイミングでなければ、僕は絶対にフリーにはなれませんでした。

妻は、僕が1600万円当てたことを当時、唯一教えた相手です。愚かな僕はそれを3カ月で溶かしてしまいました。しかも借金の返済に当てずに、溶かしたんです。さすがに自己嫌悪になり、これも彼女だけに話したら爆笑してくれたのでした。

立て替えてもらった居酒屋代すら渡してないのに。

「この人しかいない」と僕が思った瞬間でした。

結婚以来、妻との約束を守り、現金を持たず、電子マネーのSuicaだけで生活している背景はそこからきています。

僕から見るとありとあらゆることにおいて僕より妻が勝っています。

例えばファッションセンスにおいて。ある日、「着る服を全て決めてほしい」とお願いしました。「おう、いいよ。その代わり、絶対に文句を言うなよ」と引き受けてくれましたが、服に文句を言わないのも約束です。時々服のセンスを褒められることがありますがこれは妻のセンスです。

ちなみに服といえば、僕は家では全裸で過ごしています。外にいるときの自分を脱ぎ捨てたい、という心理からだと思います。このことについて、妻は周りの人に、「え? 旦那さん家で裸なの?」と驚かれるそうです。そのたびに、

「でもペットだと思ってるから腹も立ちませんよ。一人出掛けて金稼いで帰ってくるペットだと思えば優秀でしょ?」

と笑顔で話しているようです。

僕が頭をスヴェンソンで増毛するときの妻の決断も早かったです。相談したら、

「増毛してみんなに笑ってもらえばいいじゃない」

と言われました。そんな僕の頭髪を、毎朝妻がセットしてくれています。

トークのセンスも素晴らしく、「踊る！さんま御殿!!」（日本テレビ系、'97年〜）の「話題の妻たちがお悩み相談。日頃の不満をぶちまけまくり」のテーマで出演したときも、明石家さんまさんから爆笑を取っていました。

ちなみにそのとき話した、靴下まではかせている、は嘘です。一度しかはかせてもらったことはありません。洋服を着させてもらうのは本当です。

感謝の気持ちだけは忘れないようにしています。

だからせめて寝る前に必ず

「裕美さんのおかげで幸せです」

と言います。すると必ず「だろーな」と返ってきます。（ギャグです）

妻はいつも、「お前の生態を全部話したら世間はドン引きだろうな」と言ったあと、

「オマエと違って私は誰とでもやっていけるからな」

としっかりと目を見てきます。（ギャグだと信じています）

だから僕がフリーになって失敗しようが全く気にしないというわけです。なぜなら〝私は離婚も全く気にしないタイプ〟だから。（最高のジョークです）

僕が冒頭で書いた「人生をなめてるのは僕ではなく、妻なんです」の意味が少しは伝わったでしょうか。

そろそろ読者の悲鳴が聞こえてきそうですから終わりにします。

もちろん、この項の原稿も妻に最終チェックしてもらってからあなたに届きます。

THINKING METHOD

「人生をなめる力」＝「逆境を笑い飛ばす力」

03

経済アナリスト

森永卓郎

マジメで猛獣使い。意外と久米宏に似ている

30代前半から手探りの中、情報番組を一緒に作ってきた森永卓郎さん。垣花さんいわく、「最高の相方であり良き理解者」である森永さんが、身近で見ていたからこそ気づく才能と魅力とは? 意外な人に似ているという話まで飛び出てきました。

エロいことを言っていたら番組が終わってしまった

――垣花さんとは、「垣花正のニュースわかんない!?」からなので20年以上の関係となりますね。

森永　夕方の番組だったけど、ちょっとエロをやり過ぎて終わってしまった(笑)。カッキーはそれだけではないと言うけど、間違いなく最初から飛ばしていました。

――番組ではどのようなことをされたのですか?

森永　「ニュースわかんない!?」は、「鶴光の噂のゴールデンアワー」(ニッポン放送、'87〜'03年)の後継番組として始まったんですよ。そこで開始する前にゲストに出させていただいて、いきなり謎かけをすることになり、私は(笑福亭)鶴光師匠の前で〝乳頭〟謎かけを披露したんですよ。何でも〝乳頭〟で解くのですが、その出来を師匠が大変褒めてくださり〝笑福亭呂光〟という名前をいただきました。それ以降も、番組でよくこの謎かけをして…。まぁ夕方にはふさわしくないですよ。生放送中にエライ人がやって来て、「公共放送だぞ。何をやっているんだ」と言われたこともありました。終わっても仕方がなかった番組です。

——そんなハチャメチャなことをしていた番組だったとは…。

森永　もちろんマジメにやっている部分もありましたが、そうやって終わっていきましたね。その後、朝の帯番組を2年間くらい一緒にやって、しばらく会わなくなるんですよ。カッキーは「あなたとハッピー!」を始めていましたが、私はまだ参加していない時期で。そんなときに電車でばったりと会ったんです。急に知っている顔だったから驚いたけど、カッキーの方から「また一緒にやりましょうよ」と言ってくれ、そこからすぐに「あなたとハッピー!」に出るようになりました。

単体としては面白くない ヘンな人の隣で光る

——長年コンビを組んできて、垣花さんの魅力はどこにあると思われますか?

森永　実は私、昔から「カッキーは第二のみのもんたになる」って言っていたんですよ。それはまんざら間違っていなかった気がしています。テレビとラジオの両方の帯を持っている人なんていないで

森永卓郎
Takuro Morinaga
1957年生まれ、東京都出身。経済アナリストとして、メディアで活躍中。'24年末に膵臓がんステージ4と公表

すから。で、魅力はというと、大事なのはカッキーそのものが面白いわけではないこと。カッキーは守備の名手で、ヘンな人を隣に置くと光る人です。それはアッコさん（和田アキ子）もしかり中瀬ゆかりさん、私もしかりですが。これは狙ってできるものではないので、天性のものだと思っています。

――垣花さんは、よく〝猛獣使い〟と言われていますね。

森永　猛獣たちがヘンな行動を取るほどカッキーは面白くなっていく…。不思議な構図です。あと鶴光師匠に「垣花とオマエはバカ話を2人でしているけど、よく聴いたら実はずっとリスナーに話し掛けている。これをできるヤツはほとんどいない」と褒められたことがあるんです。私たちは意識をしていないけれど、聴く人によってはこう聴こえるのかと初めて知りました。会話の中身が偶然そうなっていた気もしますが、2人の間にいつの間にかリスナーが存在している。何か2人の番組らしいと思いました。

マジメで猛獣使い…
意外と久米宏に似ている

――アナウンサーなのにキャラクターが濃いのも垣花さんの魅力だと思うのですが…。

森永　ぶっ飛んでますからね。今は更生していますが、ギャンブル依存症のときはとんでもなかった。手に負えないし、関係者は全員債権者になってたんじゃないかな。その頃、違う局で打ち合わせをしていたら、「森永さん、おたくのカッキーですが返済どうなっています？」なんて聞かれたこともあって。そんなところにまで借りているのかと思ったほど。借金ができるのも一つの才能ですが、

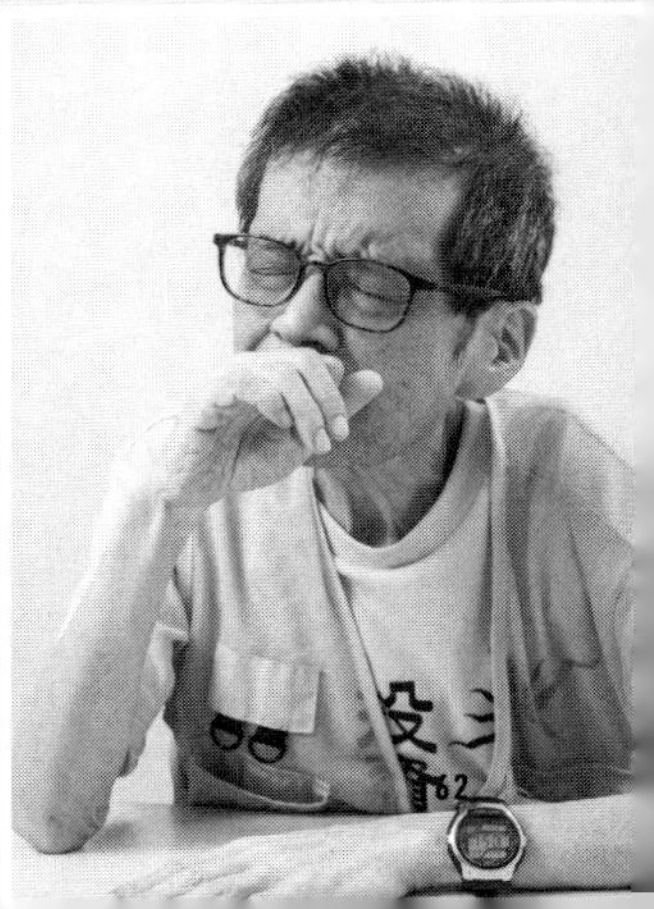

今思うとよく返せたなと思います。そこには奥さんの功績はかなり大きい。だってSuicaで馬券は買えないですから。

――結婚して変わったんですね。

森永　ものすごく変わりました。それまではクズ同士、仲良くしていた部分もあったのですが、私よりマジメになって。きっと根がマジメなんですよ。昔、私は「ニュースステーション」（テレビ朝日系、'85〜'04年）のコメンテーターをやっていましたが、その司会者の久米宏さんと似ている気がします。もちろん久米さんの方がマジメですが、ふざけているように見せてきちんと準備をして生放送を始める。そこはすごいと思います。あとは久米さん自体が面白いわけではないけど、横山やすしみたいなヘンな人を置いたらその面白さでは右に出る人はいないので、猛獣使いという点も共通しています。

――では、垣花さん＝久米宏さんだと思ってもいいですか？

森永　見た目が全然違いますよ。この間写真整理をしていたら昔のすんげぇデブでハゲているときのが出てきましたから。そこは雲泥の差です（笑）。

アツいリスナーの声に押されて今がある

――プライベートでの交流はほとんどないと聞いたのですが…。

森永　全くないです。ご飯行ったのは増田みのりアナと一緒に行ったときくらい。あとは横浜スタジアムにも行ったけど、これは仕事の延長線上で。仕事でこれだけ顔も会わせているし、普段はおなかいっぱいですよ。

――森永さんはがん公表後も「あなたとハッピー！」に精力的に出

演されていますが、なぜそうされたのですか？

森永　公表した後、「勝手に辞めるんじゃねぇ。勝手に死ぬんじゃねぇ」「『ハッピー！』はわれわれの暮らしに組み込まれているんだからオマエの好きに死なせない、続けろ」というかなりの量のメールが届いたんですよ。普段、ボロクソに言ってくるくせに、みんな「辞めるな」って。当時は歩行能力もないくらいヒドかったのですが、あれを見たら辞められないなと。なので高い治療費を払いながらも続けています。

――リスナーに愛されている番組ですね。改めて、今後の垣花さんはどうなっていったらいいと思われますか？

森永　アナウンススクールを開校したのは面白いと思いました。クリエイティブなものをカッキーが教えられるのかは分からないけど、メンタルの部分では伝えるべきことはたくさんあるんじゃないかな。カッキーに教わった若い人たちがどうなっていくのか…。大学教授とかになったカッキーも見てみたいです。そしてラジオの方は変わらず。カッキーがいるから今の僕があるわけで、これからも一緒にやっていきたいです。最近はラジオ番組のイベントがはやっているらしいので、我々も東京ドームでコンサートを開催できたらいいですね。沖縄で美声を聴かせたように、皆さんに美声を届けられたらと思います。

KAKIHANA'S VOICE

森永さんとは考え方も生き方も頭の出来も全くの正反対。森永さんはコレクターだけど、僕は物に全く興味がなかったりします。一つだけ共通点があるとすれば、毎日面白く楽しく過ごしたいと思っているところ。万馬券だけを買い続けているモリタクさんは僕の人生というギャンブルにも賭けてくれてるんですね。

Chapter04

まだ見ぬ世界にジャンプしたくなった出会い

未来について悩んだときにいつもそばにいる人たち
背中を押してくれたり気付きをくれたりしました

165-203

Chapter04／18

「友達じゃないけど友達」な関係論

meets ゆず（北川悠仁、岩沢厚治）

「僕にも友がいます。北川くんに岩沢くん、僕ら3人の曲です。ゆず『友～旅立ちの時～』張り切ってどうぞ！」

「ゆずのオールナイトニッポン」で新曲を披露するとき、僕が必ずイントロに乗せて曲紹介をさせていただいています。

なぜ毎回、僕が曲を紹介することになったのかについては後述しますが、一口に曲紹介と言ってもラジオの長い歴史と共に変遷があります。

深夜放送の草創期は情報重視のＤＪの語りが中心。やがて簡素で実用的なスタイルに移り変わり、ＦＭが台頭してくると音質の良さを生かしてネイティブな英語の発音にこだわる紹介が主流になっていきました。

そんな流れを無視して、**僕のスタイルは七五調。最後に必ず「張り切ってどうぞ！」をつけます。**古風過ぎる形式に加えて、内容はデタラメ、悪ふざけ、嘘、リスペクトゼロ。先ほどの内容も僕がゆずの一員になっています。すると紹介直後、北川悠仁さんが「止めろ止めろ止めろ」とディレクターに指示を出す。

「おい、お前、いいかげんにしろよ」と北川さん。

「確かに垣花さんはゆずではないよね」と冷静な岩沢厚治さん。

生放送中にもかかわらず、曲は止められます。１秒でも早く新曲を聴きたいゆずファンである〝ゆずっこ〟たちの大ブーイングが聞こえるようです。そこから僕の曲紹介についてのダメ出しと公開説教がスタートします。

「**事務所の社長も聞いてるぞ**」と北川さんが言ってきます。ゆずを路上ライブから見いだし、今日まで共にやってきたゆずの事務所の社長さんです。そんな人に僕は「嫌われたくない！」と謝罪をします。

これが、ゆずと僕とのお約束の流れです。

この章では僕の芸能界の親友ゆずについて書きます。正確には、僕はいつもゆずの2人を「親友です」と紹介するのですが、2人からは**「親友でもないし、友達でもない」**ときっちり否定される。本当はどう思ってるんでしょうか？　怖くて聞いたこともありません。親友ではないかもしれませんが、「ゆずのオールナイトニッポン」においての、ゆずの〝公式曲紹介師〟ではあると思っています。

お断りしておきますが、アーティストに対するリスペクトがないわけではない。作品を生み出す血のにじむような苦労を想像しないわけではない。しかしその普通の感覚を全てかなぐり捨て、リスペクトをゼロにして、なんなら関係各位から叱られてナンボに近い感覚で文言を考えていく。

ふざける僕もどうかしてると思いますが、毎回、それをやらせて、僕をイジり倒す北川さんも、横で爆笑している岩沢さんもやはりふざけてると思いませんか？

僕と絡むときのゆずはドSになります。ドSな2人のおもちゃが僕です。

「あなたとハッピー！」のパートナー、熊谷実帆アナウンサーがあまりの悪ふざけぶりを見て「なぜ、ゆずさんとそんな関係になれたんですか？」と質問してきました。もしかしたら、ゆずが国民的なアーティストになる前に出会ったのが大きかったかもしれません。

2人に会ったのは、ゆずがまだメジャーデビューする前。「ゲルゲットショッキングセンター」のリスナーの家の寝室でした。

その日はリスナー宅からの公開生放送で、リスナーのご両親の寝室を楽屋代わりに使わせてもらいました。生放送前に、「新人2人の緊張をほぐしてやろうか」くらいに考え、先輩風を吹かせて顔を出したら、北川さんは三面鏡の前に座って髪を直していました。その傍らには岩沢さんの姿が。

2人の背中から後光が差していた！

あまりのキラキラしたルックスに、「き、君たち売れちゃいますよ！」と思いました。ましてや、1stシングル曲「夏色」を聴いたら、その思いは確信へ変わりました。無名の青年2人が瞬く間に国民的なミュージシャンになっていくのはご存じの通りです。

今、ゆずを見て何が言えるかといえば、僕は、あのときのゆずと今のゆずのスタンスが全く変わっていないことに衝撃を受けるんです。

ラジオのブースでアーティストをお迎えするラジオアナウンサーは、ある意味、定点観測者なんです。デビュー前、売れていく過程、売れた後、そして安定期、あるいは再ブレーク期、そういった折々の本人も気づかないような変化を見ていて、「今は楽しそうだな」「しんどそうだな」といった心理状況を感じ取れることが多いです。

しかしゆずに関しては、最初から、今まで、ず〜っと同じです。こんなアーティストは見たことないんです。

そしてこんなに売れた後も、なぜか僕のことを、ずっと面白がってイジってくれる。その理由を分析すれば、多分2人は〝ダメ人間マニア〟なんだと思います。

横浜でゆずとゆずのスタッフと仲良く飲んだ帰り道、「北川くんの結婚って意外と近かったりするんですか？」とバカのふりして質問したら「いやまだまだ先だよ」と笑顔で返されました。

そしたらその翌日のスポーツ新聞に、

「北川悠仁、結婚」

という記事がデカデカと載っていて…。翌日ですよ！ ほんの数時間くらい前に、僕が知ってもいいと思いませんか？ やはり〝ダメ人間〟の扱いを知っています。

しかしそんな北川さん、結婚披露宴の司会を僕に依頼するんですからよく分かりません。僕とフジテレビのアナウンサーでやるというんです。知名度のバランスが明らかにおかし過ぎる。


北川さんが披露宴の打ち合わせをしたいというので、指定されたレストランに行きました。坂の上にあるおしゃれなレストランを外からのぞき込んだら、北川さんやゆずの事務所の社長さんが既に和気あいあいと談笑していました。

そのキラキラとした光景に、僕はいったんレストランから離れ、コンビニに入り缶ビールを買い、一気に3本飲み干しました。緊張を和らげるためです。しかしそれが裏目に出たのか、その打ち合わせで僕は失言を繰り返し、社長さんから名言をいただきます。


「君は得点も多いが、失点は、もっと多いね」

やはり人を見抜く達人は、人を表す言葉も的確なのでした。

社長さんが帰ると言うので、お見送りをしようと一緒に外に出たら、今度は足を滑らせて、事務所の車のフロントミラーをへし折るという、最後にダメ押しの失点をしてしまいました。

またあるときは、ゆずの深夜ラジオで寝起きドッキリを仕掛けられて自宅から有楽町まで走らされたこともあります。一方で、中継コーナーで岩沢さんのご両親と僕の3人で「夏色」披露という逆ドッキリを仕掛けたこともあります。

そんなゆずと僕は友達なんでしょうか?

子どもの頃、友達は学校でつくるものでした。大人になると、行動範囲も広がりいろんな人に接する機会が増える。しかし、どうしても皆さんいろんな立場がある。立場があるからゆずとも会えるとも言えます。

僕はゆずの2人と、偶然、素晴らしいタイミングで出会うことができた。2人は無名で僕はダメ人間。**ラジオがバーチャルな学校みたいな役割を果たし**て、いつもふざけることを許してくれているのでは?とふと考えたりもします。

友達のようで友達でないような、でも、僕にとってゆずは、会えるだけで、ゆずが活躍してくれているだけで、心が温かくなる存在です。そんな関係性を構築できているのが幸せです。

最後に、「友~旅立ちの時~」の、もう一つ披露した曲紹介を書いておきます。

「同じあの子にほれちゃって　時にけんかもしたけれど　2人、一緒にフラれたね。『友~旅立ちの時~』張り切ってどうぞ!」

(最後の「張り切ってどうぞ」だけは、いつもゆずへのエールとして心を込めているですが…。2人は信じないでしょうネ)

THINKING METHOD

「親友」と言い張る「遊び心」がいつも本当の信頼になっていく

Chapter04／19

時には「抜け道」ではなく正面から壁にぶち当たることの大切さ

meets＞勅使川原昭

「おー、てっしー（勅使川原昭）、お疲れさんなー」

声の主は当時の亀淵昭信社長です。生放送を終えた直後に、社長がスタジオに来るのは珍しい。「1回目の放送だからかな」と思いましたが、どうやら社長は僕に会いに来たのではないらしい。チーフプロデューサーの勅使川原昭さんに、「後でちょっと」と小声でささやいて帰って行きました。

後でちょっと、プロデューサーに何が告げられたのかは後ほど書くとして。

とにもかくにも2003年3月31日、ニッポン放送の3時30分に『垣花正のニュースわかんない!?』が産声を上げたのでした。

特定の人物名が入った番組を冠番組といいます。冠の意味はブランディングや宣伝です。例えば、「ニュースわかんない⁉」の前番組は15年以上続いた大人気番組「鶴光の噂のゴールデンアワー」（ニッポン放送、'87〜'03年）でした。ゴールデンアワーの冠は、「オールナイトニッポン」で一世を風靡《ふうび》した〝あの鶴光師匠〟がやる番組、というブランディングの意味合いが大きい。

無名の僕の名を冠した「垣花正のニュースわかんない⁉」は、ブランディングではなく、局の姿勢「この人を育てていくよ」という意思の表明であったと思います。それだけ周りの社員もびっくりの抜擢でした。

プロデューサーの勅使川原さんに、麻布十番の赤ちょうちん「たぬ吉」で、僕を鶴光師匠の後番組に起用することと、タイトルを聞かされたときは面食らいました。垣花正と名前の付いた冠番組であるだけでなく、ニュース番組とは驚きです。

「ちょっと待ってください」と聞き返します。

デイタイム（大人向けの時間帯）で、やっとスタジオトークができるようになったばかり。それも相手がテリー伊藤さんだからできているだけなのは自分で分っていました。

「そもそもなぜ僕なんですか？」

前にも書いたように大人気番組の後番組は、大抵悲惨なことになりがち。そこに、なぜ？　僕はまだまだテリー伊藤さんと楽しく「のってけラジオ」をやっていたい。そんな僕に向かって勅使川原さんは、「タイミングだよ」と言いました。

さまざまな事情で鶴光師匠の番組が終わることになり、自分が新番組の立ち上げを任されたこと。**「無難な番組を作ってもしょうがないだろ、おまえも覚悟を決めろ。こういうタイミングは自分では選べない」**と勅使川原さんは言いました。そして笑いながら「いやー、見事に上層部が全員反対だったよ」と頭をかいてみせるのでした。反対を押し切るために1本のパイロット番組を2人で作って企画を通しました。パイロット版の内容はともかく「勅使川原、おまえの熱意を買う」と、勅使川原さんありきの番組スタートです。

さて、1回目を終えた後、社長が勅使川原さんに告げた内容。「頭を下げるからパーソナリティを替えてくれ」だったそうです。具体的な代案の名前も聞きました。勅使川原さんは笑います。

「そんなにひどかったかな？　俺はまあまあこんなもんかと思ったけど、こんな内容の番組はニッポン放送の恥だってよ」

人のハートをぐちゃぐちゃにしてきます。

社長の耳はある意味正しかった。最初の聴取率調査で僕は数字を3割近く下げることになります。その直後の会議で顔を真っ赤にした勅使川原さんが企画を発表しました。

「垣花くんはこれから、ドブ板選挙を戦います」

生放送のエンディングで「街」を発表。放送後、その街に繰り出して番組の宣伝のチラシと名刺を配りながら握手をしていくというもの。

夜の商店街を歩きながらアポなしでお店に顔を出します。飲み屋では酔った客と「しゃべってる兄ちゃん本人？　へぇー、ずいぶんラジオ局も人使い荒いんだな」「そうなんですよ！　よろしくお願いしまーす」。そんなやりとりを毎日繰り返します。

そもそもオープニングトークが無茶な企画です。朝刊の内容から勅使川原さんとお題を決め、お題に沿う「何か」を探して3時半までに帰ってきてリポートするというもの。

ある日は、線路沿いにライオンの糞をまいておくと他の動物が寄ってこないという記事。僕はネタを探して動物園にアポを取りまくる。唯一、東武動物公園だけがライオンの糞の臭いを嗅がせてくれた、というトーク。朝から動き回り、生放送の後は商店街へ。体はボロボロになります。

それでもなかなか聴取率は上がりません。

「たぬ吉」で、「垣花、俺たちはニュースを扱うんだよ。紛争地に行くこともあるかもしれない。ってことは、**俺もお前も、この番組で死ぬんだよ、分かったか**」と酔った勅使川原さんは目を据わらせていました。さすがの僕も気づきました。追い詰められてるな、と。

僕は思い出していました。高校生の頃読んだタモリさんのインタビュー記事。

「ブレイクした芸能人は忙し過ぎて死ぬかもしれないというタイミングが必ずくる。潰れちゃうやつはそこまでのやつ。これ、越えなきゃダメなんだよね」

ブレイクしたわけではないが、**死ぬ気で勅使川原さんに食らいつく覚悟**でした。

忘れられない阪神甲子園球場の取材。当時、星野仙一を応援していた僕に阪神甲子園球場の阪神タイガース優勝決定ゲームの取材チャンスが来たのでした。しかしそのとき、僕の体は悲鳴を上げていました。背中には大きなデキモノと、40度の高熱。立っているのがやっとでした。

星野さんが胴上げされているとき、僕は阪神甲子園球場の医務室にいて、解熱剤の座薬をもらっていました。電話で勅使川原さんから連絡が来ます。

「この後、多分道頓堀でファンが飛び込むから行ってリポート！」

「あと、垣花。聴取率調査の結果が今日出たよ。鶴光師匠の数字に戻った。良かったな」

情報が多過ぎてクラクラしました。とりあえず喜びより安堵《あんど》が先でした。

僕はフラフラのまま道頓堀に向かいました。たくさんのファンが飛び込む準備をしていました。リポートしなくちゃいけない。しかし無理でした。僕は近くのトイレへ駆け込みました。外から「優勝おめでとう！」と1人目が飛び込む音がしたそのとき、僕は肛門に座薬を滑り込ませていました。

あれから15年後。勅使川原さんは作家として映画「スマホを落としただけなのに」（'18年ほか）シリーズという大ヒットを飛ばします。

勅使川原さん、あのときお互い死ななくて良かったですね！

THINKING METHOD

抜け道を考えることの意味がない時がある そのタイミングを見極めて正面突破

Chapter04/20

人と向き合い、人をつなげるスマートなハブ空港

meets＞ミッツ・マングローブ

ミッツ・マングローブさんは〝ハブ空港〟みたいな人です。

ハブ空港とは、飛行機の乗り継ぎなどで、多くの航空路線が集中している空港のこと。国際線に乗って海外旅行など行くと乗り継ぎ拠点となったハブ空港にいったん降り立ってみましょう。そこでいろいろな国の人が集まっている様子を見ます。行き先案内版を見上げると、みんな実にさまざまな国や地域に行くことが分かってきます。ハブ空港が中心になってネットワークが広がっていることを実感するんです。

まさにミッツさんは、芸能界のいろいろな人を繋げて、励まして、行ってらっしゃいと送りだす役割を果たしているように見えます。わかりやすい陽気な明るさを持っているわ

けではありません。かえってそこが国際線のハブ空港を思わせます。

乗り換えのタイミングが合わずに深夜の空港で時間を過ごしたりした経験を持っている方もいると思いますが、あの空港なのに驚くほどシーンとした雰囲気と、ミッツさんのイメージが妙に重なるんです。

「5時に夢中!」の金曜日はゲストの日です。驚くべき若さと歯に絹着せぬ発言が魅力の中尾ミエさんとミッツさんと僕で毎回ゲストをお迎えします。

会議室で打ち合わせをするときから、ミッツさんのハブ空港ぶりを感じます。ミッツさんと一度でもお仕事したことがある方は、ミッツさんへの話しかけ方が違う。明らかにミッツさんのことを好き、あるいは信頼しているのが伝わってくるんです。低く、聞こえるか否かくらいの小さな声で「ごぶたさ〜」と話かけるミッツさんは、久しぶりの再会の喜びを表現しているというより、久しぶりの客を迎えて入れるママのようなたたずまい。

「何、あんた、最近元気にしてたの? 生きてたわけ?」

そんな安心感があります。そして僕には分からない2人だけの短い会話をします。

この距離感はいつも絶妙。馴れ馴れしすぎないし、かつ周りを疎外もしない。ほんの数秒。ミッツさんはゲストを安心させるためにやっているわけではないでしょうが、ゲストがめちゃくちゃ安心しているのがわかります。

人の第一印象はとても大事です。先入観がない分、その人の本質が出てしまう。

仕事でないときに人に会うときほど、自分がその場の主役でないときに会ったときほど、相手の本質が出ている。逆に言えば、自分も相手に本質を見られているということでもあります。そして次に会うときに、あるいは**違う立場になったときに、第一印象とガラッと変えてくるような人は気をつけたほうが良い**ということにもなります。

ミッツさんは第一印象から今まで、イメージが変わらない人です。

初めて会ったのは新丸ビルのバー「来夢来人」でした。スナックのような雰囲気が楽しめるというのを売りにしているこの店でミッツさんはチーママとして当時働いていました。

和田アキ子さんのラジオ番組の新年会の流れで、酔ったアッコさんが「ミッツに会いに行こう!」と言い出し、スタッフ総出で丸の内に向かいました。酔ったアッコさんほどこの世で危険な生き物はいないのですが、この夜のミッツさんの捌き方は実にお見事でした。お見事なのは我々スタッフへの対応もそうでした。低い声で短くかけてくれる言葉のチョイスの間違いのなさ。うまく言えませんが、温かくもなく、冷たくもなく、場つなぎでもなく、自分のためでもない。一言で言ってしまえば〝的確〟なのでした。

こういうとき、大抵の人はアッコさんに対して全ての精力を傾ける。だからスタッフの、特に、一番下っ端には関心がいかないものです。気を回す余裕がない。しかしミッツさんは違いました。「客商売だからでしょ?」と言うかもしれません。しかし、どうでしょう? 客としてマニュアルで扱われているときはわかりますよね。それはそれで「プロ接客」と唸ることもありますが、それとは全然違うんですよ。

ミッツさんは人の中身やキャラクターや、役割を見たうえで、短い言葉を的確に掛けている。これこそまさしく〝天性〟。いや、もしかしたら徳光家の血なのかもしれません。

ミッツさんの叔父にあたるご存知フリーアナウンサー界のレジェンド徳光和夫さんと一度飲みに行かせていただいたことがあります。まず徳光和夫さんに驚くのはテレビのまんまということ。時々居眠りなんかする例のバス旅番組のまんまです。

その日、たまたまレストランのスタッフと徳光さんと共通の知り合いがいることが分かりました。そこで「あの人は今、お元気ですか?」という話になることはよくあります。

徳光和夫さんの場合、その話が社交辞令じゃないんです。例のあの明るい口調でときに絶妙に笑い声を入れながら、いやらしくない好奇心を垣間見せて質問していく。そんなに続く?というくらいその共通の知り合いの近況を聞いてるんです。口調が徳光節なだけで、質問の中身は、長年同じ犯人を追いかけているベテラン刑事がついに犯人の居場所を特定したときの質問の仕方に似ています。それを見て、ピンときました。

つまり、徳光家は人が好き。

徳光さんの息子さん徳光正行さんとイベントでご一緒したときにも感じたことです。徳光さんは、レストランでふと話題に出た、その人との繋がりを心から喜んでいたのでした。

話をミッツさんに戻します。**ミッツさんは〝フグ料理の職人〟でもあります。**

「5時に夢中!」にいらっしゃるゲストの中にはさまざまな事情を抱えている方もいます。そう、いわゆるスキャンダルです。スキャンダル後、初の地上波ということもあります。こういうときのミッツさんのトークは輝きを増します。スキャンダルをイジりつつ、ゲストの魅力を引き出していく。イジることで相手に損をさせない、という点が、毒を持っているフグを見事にさばいて美味しく提供してみせる一流の料理人に見えます。

原田龍二さんがスキャンダルのダメージをさほど受けなかったのは、原田さんの好感度はもちろんですが、ミッツさんのあの日の「5時に夢中！」の見事な進行があったからなのは言うまでもありません。何より、愛情があるから毒を扱うこともできる。

ミッツさんについて書いているうちに、恥ずかしいほどヤボな結論にぶち当たってしまった…。それは**〝人ってやっぱり優しさ〟**なんです。

この言葉を投げかけられて一番に「やめてよ」というのもミッツさんでしょうし、もっと大きな声で否定しそうなのがこの後登場するマツコ・デラックスさんです。

しかし僕の持っている〝優しさセンサー〟によればこの二人は優しさが振り切れているように感じます。一方で僕がさほど優しい人間でないのも二人にバレているのですが。

THINKING METHOD

〝人が好き〟は最大の武器
愛情をプラスすることで、
相手との関係性は変わっていく

Chapter04
21
好きの反対語は嫌いじゃなく、無関心。言葉の裏を見ると愛が詰まっている
meets マツコ・デラックス

「あんたの肌に興味を示してくれるのマツコさんだけだよ」

と妻に言われました。

「ぬりかべみたいな汚い肌だな」とマツコ・デラックスさんに「5時に夢中!」でイジられたシーンを見ていた妻の一言です。

まさにそうだな、と思うのです。

「いや、いや、興味なんてないわよ。単純に気持ち悪いだけ」

と、マツコさんは100%言うと思いますが、妻に言わせると、

「気持ち悪くてもオンエアで言ってくれるんだから。無視されるより愛情がある証しよ」

となります。

いずれにせよマツコさんの持つ洞察力には驚かされることがたくさんあります。

例えば僕がアナウンススクールを開講することを「5時夢」でチラッと話す機会がありました。スクールの概要や目標人数、料金設定など、半年ほどかけてかなり悩んで決めたんです。マツコさんは僕に2~3個、質問して、それだけで、全て言い当てました。さらにはマスコミ就職の現状や、ちまたのスクールの料金の相場などまで、きちんと把握していました。おそらくですが情報をたまたま見た、というような理解の仕方をしているわけではないと思っています。

マツコさんは「**鳥の目**」でまず見る。物の道理であるとか、世の中の仕組みなどの大局観があって、そこから細かいところを考察していく。そこで「**虫の目**」で近くを見る。さまざまな側面から複眼で考察する。さらに街の変化、移ろいにも関心が深いのがマツコさんです。街に限らず世の中の潮の流れを読む「**魚の目**」も持っています。

こんなことを言ってあれですが、このような分析や能書きみたいなものを忌み嫌うリアリストでもあります。

縁あってそんなマツコさんとお仕事ができることに今、とても感謝しています。

最初にご一緒したのはフリーになって間もない頃でした。出会いは「アウト×デラックス」（フジテレビ系、'13～'22年）。ナインティナインの矢部浩之さんとマツコさんがMCの番組です。

呼んでいただいたそのときは、競馬にのめり込んで借金地獄になった話などをしました。そこで僕が驚いたのは、やはりマツコさんの観察眼です。

スタジオに一緒に行っていた妻が一瞬、モニターに映ります。その瞬間、マツコさんが**「ちょっと待って！　あのスカートを選ぶ女タダモノじゃないわよっ！」**と叫ばれました。

妻は変わった洋服しか着ない人。**その時はゴールドのロングスカートを履いていました。**

一瞬で見破られたのでした。

「アウト×デラックス」でも、大変おいしくしていただきました。

そして今は毎週月曜日に「5時夢」でお世話になっています。

番組で妻によく言われる言葉を紹介したことがあります。

「周りに優しそうって言われがちだけど、あんたほど冷たい人はいない」

その言葉に対し、マツコさんは「そんなの、会ってすぐ分かったよ」と、言い切ります。

僕はうわべの優しさというのは、案外悪いものじゃないと考えていたんです。例えば、何も思ってなくても、場の空気を良くするために「元気?」や「今日はいつもより調子良さそう」などの会話はあってもいいと思います。でも本当にそう思ってないなら、空虚になってしまいます。できるだけ言葉は空虚じゃない方がいい。

ならばマツコさんと周りのやりとりは、一つの答えに見えてくる気がします。

マツコさんの周りの人へのイジリをよく聞いてみると、「今日も服装ダサいな」とか「ヘンな髪形にしたな」など、いつもその人を見ているからこその気づきが含まれています。つまりその人のことをきちんと見ているからイジリができることに、ある日、気づきました。マツコさんは一度聞いたその人の出身地やキャラクターを形成する情報を大変よく覚えています。

好きの反対語は嫌いじゃなく、無関心。

周りをイジリ倒すマツコさんは、僕の100倍以上愛情がある。ミッツさんの項にも書きましたが、2人は実に優しい人。あるいはいろいろな人の気持ちが分かる人。〝人間学〟

という学問があるかどうか分かりませんが、座学ではなく、実地でそれを極めたオーソリティに見えることがあります。

マツコさんの発言は、全方位に配慮した上で選び抜かれています。でもただバランス良く繕うのではなく、エンタメとしてきっちりととんがっている。そのとんがりがあるから面白い。でも誰かを傷つけたりはしないように先を少し丸くしてあります。

「何のために東京に来たの？」

とマツコさんに放送中に突っ込まれました。「あんた早く宮古島に帰りなよ」という意味が含まれ、面白みが出ています。

「長い旅行中なんです。マツコさんみたいな人と出会うために長い旅を続けてます」

と、僕はまたまた何の面白みもない返しをしましたが、ただ、この言葉は18歳のときに島を出てから、ずっと変わらぬ思いなんです。

また「5時夢」で、マツコさんに、「あなたはどこにもなじまないんだね」と言われたことがあります。これ、あまり他の人には見抜かれない部分。つまり旅といえば確かにかっこいいですが、どこかに根を張るつもりがないことを、また瞬時に見抜かれたのでした。

マツコさんと出会えて、旅は新しい局面に入りました。

マツコさん本人にいろいろな側面があることと、洞察力で見抜かれることによって、自分の中で発見がたくさんあります。それは弱点の方が多いのですが、今はマツコさんという国を観光してみたいという気持ちでいます。

しかし、まだまだその土地の方になじめていない現状ではありますが。

THINKING METHOD

素晴らしい観察眼の持ち主が
アドバイスすることに耳を傾けて
新たな発見を楽しもう

Chapter04/22

何が待ち受けているか分からないけど「未来があること」が大事

meets 垣花正

「地球最後の日、あなたは何を食べますか」

という定番の質問があります。

この質問の意図が「その人の食べ物の価値観を探ろう」だったり、「食べ物の思い出を引き出そう」とするものだったら、僕にとって大変難しい質問になります。

なぜなら食に対するこだわりが何もないので、何と答えようと、芯は食っていない。おそらく今後も答えは変わってしまうと思います。

しかし、質問の意図が「自分の内面や価値観を率直に表現させるためのもの」だとするなら、答えは変わらない自信があります。そして僕の答えは、

「何でもいいからシェフが用意しているところをワクワクして待っていたい」です。「そんなこと聞いてない！」「答えになってない！」と言われてしまいそうですが。そうなんだから仕方がない。

でも「未来がない」ともし決まってしまっているなら何か食べたいものなんてあるかな？と思ってしまいます。

「これを食べたらすべてが終わってしまう」というのなら僕は、終わりが見えず、今が続いていると感じることの方が好きなんです。

この考えは昔から変わっていないです。大好きなイベント、例えばクリスマスやら、競馬の有馬記念などもワクワクしすぎて当日がこないで欲しい、レースが来ないで欲しいと思うことがあります。理由は簡単。〝来たら終わってしまうから〟。

僕の人生観は、「未来があること」が大事。

お腹いっぱいで満足するよりも、食べずに待っている状態が最高なんです。どんな未来でもいい。とにかく未来があると最後の1秒まで信じていたいんです。

いつも究極の状態を想像してから逆算する癖があります。フリーになるときも、「無職になってお金がなくなったら」というシチュエーションをきちんと想像してみました。

アナウンサーとして何も仕事もこなくても大丈夫！

時間はある。どうやって過ごそうかと考える「楽しみ」がある。

全くやったことのない環境へ飛び込める！　しんどくても、恥ずかしくても、後から話せるおいしいエピソードとめぐりあえるかもしれない。

話すのは放送じゃなくていい。誰も聴いてない「オールナイトニッポン」でも、一緒に作ってくれたディレクターだけは笑ってくれたように、まずは目の前の人に笑ってもらえばいい。

月いくらまで切り詰められるだろうか。それを細かく家計簿につけて、エッセイとかにならないかな。出版できなくてもいい、別に誰が読まなくてもいい、一冊のツバメノートにきれいな字でしたためて、自分だけが楽しめる作品でもいい。

そういえば、宮古島では誰も読まない自分のためだけの漫画を大学ノートに描いたなんて思い出も蘇ってきます。

そうしているうちに、もしかしたら誰かが助けてくれて、今日よりお金持ちになるかもしれないし…。

「ないよ！　そんなこと！」と言ったら、おしまい！（欽ちゃん風に）

運はいつも平等です。生きてりゃ何か起こります。

競馬は最終レースで終わるけど、人生のレースはずっと続いていきます。

「ニュースわかんない⁉」や「HOT'n HOT お気に入りに追加！」に出演してくださっていた文芸評論家の福田和也さんが先日、鬼籍に入られました。

福田和也さんのお話は楽しくも時にハイレベル。僕は時々、ついていけなくなったこともあります。でも福田さんはいつも「**垣花くんはバカだけど好きだから出ます**」と言って番組に来てくださいました。

そんな福田和也さんが、僕にと薦めてくださった本があります。色川武大さんの「うらおもて人生録」です。この本の中にある、

「**自分が生きているということを、大勢の人が、なんとか許してくれるというのが、『魅力』**」

という言葉が大好きです。

大学生の頃、欽ちゃんに運も不運も平等だよ、と教わりました。それを「うらおもて人生録」的に言い換えるならば、

「勝ち星よりも適当な負け星を引き込むのが肝要」

「そうやって運をコントロールしながら、少しでも長く、一生に近い間、バランスをとってその道で食える事をプロという」

となります。


8勝7敗で大成功。


たぶん僕は「得点も多いけど失点も多い」のでたくさん負けますが、ここは、というところを泥臭く勝っていけたら。

目標は一日でも長く、未来を想像して、ワクワクしながら過ごしていきたいです。


僕は'24年から、得意な面接力を若い人たちに伝えようと、アナウンサー志望、マスコミ

志望のスクールを立ち上げました。

やはり若い人たちには未来がある。僕のノウハウが彼らに伝わって、また彼らから次の世代へ伝わっていってくれれば最高です。

実は高嶋ひでたけさんの知り合いの大学生Ｔ君がスクールにやってきました。高嶋さんから「とっても性格のいいやつだからよろしく頼む」と電話もありました。

先日、Ｔ君は準キー局のアナウンサーに内定しました。

僕は高嶋さんのアドバイスでフリーになりました。その恩返しを少しだけできた気がしています。

THINKING METHOD

8勝7敗でいい。
トータルで人生のバランスを取るのがプロフェッショナル

04 ミュージシャン ゆず

僕らの方が後輩なのに、おいしいところは垣花さん

インディーズの頃に番組を通じて出会ったゆずと垣花さん。年を重ねても出会った当時と変わらずふざけて周囲が困惑することも…。そんないつもイジってばかりのゆずのお二人に、垣花さんのことを本当はどう思っているのか、時には真剣に話してもらいました!

イジり過ぎたと反省するも意外と気にしていなくて驚き

——初めて会ったときのことは覚えていますか?

北川　今でもよく覚えています。まだインディーズの頃、井手コウジさんの「ゲルゲットショッキングセンター」のリスナーの自宅に行く企画に参加したのが最初。当時の垣花さんは、LL・クール・Jをもじって LFクールKって名乗っていたんですよ。頭はモヒカンでサングラスを掛けていて。僕ら、全然知らないから、垣花さんは結構怖い系の人なのかな?と思った気がする。

岩沢　確か下北沢だったはず。ず

ゆず
YUZU
北川悠仁（左）と岩沢厚治（右）からなるデュオ。'97年に「ゆずの素」でCDデビュー。「栄光の架橋」などヒット作多数

っとこれは何の時間なんだって思っていて（笑）。でもサプライズで曲を歌わせてもらったりして、何か取りあえず突撃して楽しんだという思い出です。

——そのとき、垣花さんは「ゆずは売れると思った」と言っていましたが…。

北川　絶対にウソだよ。だって確かジャージーとか着ていたし。間違いなく後付けです（笑）。でも、意外にあの頃から何も変わっていないかも。特に垣花さんと会うときはあのときのまま。

岩沢　僕らは変わった感じはないけど垣花さんはどうかな？　ちなみに垣花さんは新曲を出すたびにあいさつに来てくれるんですよ。「新曲、聴きました！」って、わざとらしく（笑）。コメントが浅いから本当に聴いた？と思うくらい。律義です。

北川　絶対にA面しか聴かないタイプですよ。だって、カップリング曲の感想を聞いたことがないんですから（笑）。

岩沢　このやりとり、毎回やっています（笑）。それが楽しい。

北川　ニッポン放送で垣花さんに会えないと寂しいというか、物足りなく感じちゃいます。それくらいいて当たり前の人です。

——垣花さんは、お二人との関係を〝ダメな大学生をイケてる高校生たちがイジっている〟と言っていましたが。

北川　最初はもちろん年上だし、クールKらしさを感じたのでちょっと構えたところもあるんですが、一瞬でキャラを把握できてからこの関係です。ありがたいですよ。キャリア的にも垣花さんは先輩なのに、僕らのノリみたいなのを受け止めて乗ってくれていますから。普通はできないですよ。さすがに僕らも、放送が終わった後、今回は絡み過ぎたと反省するときもあるんですが、意外と気にしていなくて、何だ!って思うこともあります(笑)。

岩沢　僕らは今までのように夜の顔としてイジっているけど、今では朝の顔なんですよね。

北川　最近、朝の番組(「あなたとハッピー!」)にゲストで呼んでいただくのですが、僕らの会話、ほとんど使えないんですよ。だってノリは夜のままだから。ディレクターさんも苦笑い(笑)。確かこの前は、10分のコメントを録るために30分以上話したんですが、使えたのは5分だったはず。そういうのはちょっと良くないなと思っています。お互い大人なんで。

岩沢　周りは引いています。

ゆずの前では全く見せない アナウンスのテクニック

——ラジオパーソナリティとしての垣花さんの魅力はどこにあると思いますか?

岩沢　生放送のときはさすがですよ。絶対CMにいかなきゃいけないときは、誰かが脱線してでもまとめ上げてくる。見事です。

北川　計算くらいはしてもらわないと。だってそれまで散らかしまくっているんだから(笑)。

岩沢　あと、3・11の震災のとき、カーラジオから流れてくる垣花さんの声は安心感をくれました。ずっと寄り添ってくれている感じで。僕、渋滞の車の中でメッセージをパソコンから送ったのを覚えています。

——岩沢さんは、「あなたとハッピー!」のリスナーと聞いたのですが。

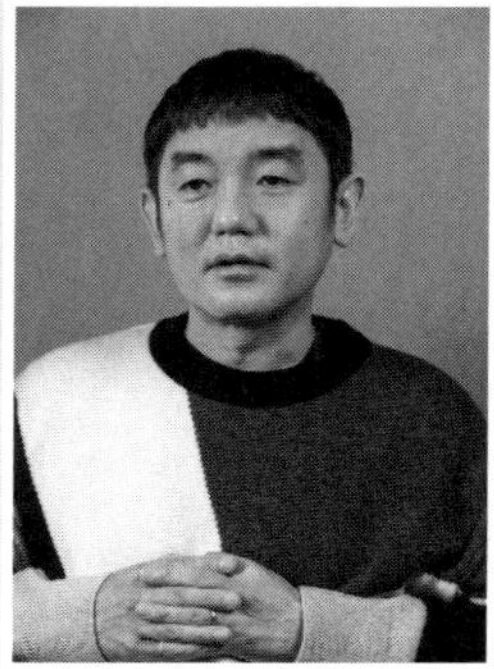

岩沢　よく聴いています。ゲストによってボケにもツッコミにも変身している。あと、ちょっと聞こえない感じで話した人の言葉も丁寧にゆっくり言い直すテクニックを持っていて。朝から驚かされることもあります。

北川　でも2人の前では出してくれないね（笑）。僕らの方が後輩なのに、いつも垣花さんがおいしいところを持っていく…。まず、僕らを見る目が面白くしてって言ってきているし（笑）。

岩沢　あの目をされたらどうにもできない…。

北川　人の力を自分に乗せて、キャラを変幻自在に表現できるのは、垣花さんのすごさです。

最高のおもちゃであり戦友でもあり親友でもある

――仲がいいのが伝わってきますが、お二人にとって、垣花さんはどのような存在ですか？

北川　気持ち悪いですが、いとおしいとは思っています（笑）。口を開けて待っているひな鳥にエサを食べさせてあげたいって気持ちに近いというか…。

岩沢　よくラジオの作家さんと言っていたのは、オレたちは垣花という最高のおもちゃを手に入れたって。まさにその通りで。僕としては、北川さんが〝おイジり〟をしているのを見ているのが楽しい。最高の時間です。

北川　ハハハ（笑）。でも多分きっと、僕らがある程度キャリアがあって、ある程度世の中のことを分かって会っていたら、きっと垣花さんに目がいかなかったはず。何だこの人？って。でも何も知らないときに会えて、僕は垣花さんのあの感じに救われたところもある

と思います。

岩沢　全部適当だってことに気づいたから、面白いなって。そこに気づいていなかったら今の関係になっていなかったはず。こんなにも思っているのに会うと言いたいこと言っちゃうし、全然久しぶりの感じがしなくて飽きるのも不思議な感じ。

――ここまで関係が続いているのも運命を感じますね。

北川　節目節目で絡むことがあるので、不思議な縁は感じます。

岩沢　あと垣花さんがラジオやテレビで頑張っていると見ちゃうし、垣花さんもきっと頑張っているゆずを見て頑張ろうと思っているんじゃないかな。そういう戦友みたいなところはある気がする。

北川　言ったね～（笑）。まぁ僕たちは思っているよ、戦友だし親友だし。でも垣花さんはどうかな？　絶対、ゆずの方が垣花さんのことを好きだから。僕は片思いだと感じています。

テレビ初登場のときは ゆずはテレビの前で見守った

――垣花さんがニッポン放送を退社してフリーになると聞いたときはいかがでしたか？

北川　垣花さんは、視覚的にも魅力あるなって思っていて。表情やリアクションや立ち居振る舞いを考えたら、ラジオだけじゃもったいない。だからテレビにも出ると聞いたときはうれしかったです。テレビ初登場のときはしっかりと見ましたよ。

岩沢　「コイツ知っているよ」みたいな、みんなにとっては初登場かもしれないけど、僕らはこの人の魅力を既に知っている。何かうれしかったです。

北川　やっぱり僕らは垣花さんのことをすごく大事に思っている。垣花さんのおおらかさとか、得点力も高いけどオウンゴールもひどいところは、誰もマネできない。垣花さんの魅力は、どこを見るかで変わってきちゃうんですよ。人間力がないところが人間力というか(笑)。

岩沢　そこが今後、どんどん広がっていくのかな?

北川　でも、垣花さんの魅力は分かんない人には分かんなくていいかも。僕が魅力を感じているだけで、誰も気づかなくていい。だって忙しくなって会えなくなるのはイヤだし(笑)。

——今後、一緒にやってみたいことかありますか?

北川　昔の演歌歌手と司会者みたいな感じで、ツアーを一緒に回るのは楽しいかも。曲と曲の間に司会者の垣花さんが出てきて、面白いことを言って、「では聴いてください、『栄光の架橋』どうぞ~」って振ってくれて(笑)。楽しそうだけど、僕らは移動などで長時間一緒にいるから垣花さんのこと飽きちゃうかな?

岩沢　垣花さんの話、面白い日とそうじゃない日がありそう(笑)。でも、そんな未来もいいね!

KAKIHANA'S VOICE

人類で初めてナマコを食べ人は、果たして本当においしいと思って食べたのか?　それともこの見た目だから思っていたよりおいしいと思ったのか?　ナマコにゆずが合うように、ゆずには案外、僕みたいな人間が合うんですよね。僕はゆずの曲が全部歌えるので、いつでも3人目のゆずとしてツアー回れます!

おわりに

「浅草には東急ホテルなんてのはないんだよ、降りてくれないか」

運転手さんにタクシーを降ろされ呆然と立ちつくしました。


今から36年前。高校2年生の僕は浅草で迷子になっていました。

NHK放送コンクールでラジオドラマが沖縄県大会の優秀賞に引っ掛かり、僕ら部員3人は、NHKホールの全国大会に出席すべく上京したのでした。

全国大会では賞を取れずに終わるのですが、その日の夜、東京観光しようとそれぞれバラバラに行動することになりました。僕は赤坂の東急ホテルを出て渋谷へ。街を散策した後、電車に乗って赤坂に帰ろうとするのですが、なぜか頭の中で〝赤坂〟が〝浅草〟に変換されてしまい、地下鉄で渋谷から浅草まで移動したのでした。

そして浅草の駅に降り立つと、上空に花火が打ち上がっていました。隅田川花火大会の日でした。ものすごい人。そんな中、探せど宿泊ホテルは忽然と消えている。あまりのパニックに僕は動揺し、「そうだ、タクシーに乗りさえすれば連れてってもらえる」とひらめきました。

タクシーに飛び乗り、〝浅草東急ホテル〟とホテル名を告げると、先程の言葉につながるわけです。パニックで泣きながら、地下鉄に戻って路線図を見上げて、やっと赤坂と浅草を間違えていたと気づきます。

ホテルにたどり着いたときにはちょっとした大冒険を終えたような気持ちになりました。

あの時、迷子になって地下鉄の中で泣いていた高校2年生の僕に言いたいのは、

「君は素敵な人たちと出会えるよ」

ということ。

この本の中に出てくる皆さんの名前をあの日の僕に見せたら絶対に信じてくれないと思います。本当にいい人たちにばかり出会って生きてきました。感謝しかありません。

30年というタイミングで、「本を出しませんか」と声を掛けてくださったKADOKAWAさんにも感謝しかありません。

そして、読んでくださったあなたへ、心から深く感謝申し上げます。いつか感想など分かち合うことができたら、それに勝る幸せはありません。

30周年を迎えてなお、小さな大冒険は続きます。迷子の状態も、案外あの時と変わりませんが…。

最後まで読んでいただいて、本当にありがとうございました。

垣花正

人は出会いが100%

縁をチャンスに変える究極のポジティブ思考法

2024年12月16日　初版発行

著者　垣花正

発行者　山下直久

発行　株式会社KADOKAWA
〒102-8177　東京都千代田区富士見2-13-3
電話 0570-002-301(ナビダイヤル)

印刷・製本　大日本印刷株式会社

●お問い合わせ
https://www.kadokawa.co.jp/(「お問い合わせ」へお進みください)
※内容によっては、お答えできない場合があります。
※サポートは日本国内のみとさせていただきます。
※Japanese text only

ISBN 978-4-04-738079-0　C0095
Printed in Japan
定価はカバーに表示してあります。